전통 한옥의 신비한 여행

전통 한옥의 신비한 여행

지은이 | 김 이 환

성균관출판부

명인 김이환선생 집무실 전경

한옥의 문을 열며…

글 길을 열어 가는 기분이 참으로 흥겹습니다. 50년 넘게 인생을 살아오면서 내가 진정으로 가야 할 길을 찾아 나선 시간의 여행 속에 담긴 아련한 추억과 구구한 사연을 독자 여러분과 나누게 된다는 사실이 정말 꿈만 같습니다.

저는 지난 5년 동안 한옥의 현대적인 가치를 구현하는 일에 열정을 쏟아 부었습니다. 본시 디자인 건축 1세대였던 저에게 전통 한옥은 매우 색다른 분야였습니다.

한옥은 그 자체가 신비한 생명체였고 상상의 날개를 펴는 미지의 관문이었기에 과거의 흔적과 시간의 옷을 벗고 과감히 전통한옥에 빠지게 되었습니다.

한옥은 신비한 삶의 외경을 담고 있습니다. 천년 숲속과도 같은 고요함과 자연의 고고함을 담고 있습니다. 그동안 연구를 하면서 한옥은 단순한 건축이 아니라 인간의 역사와 함께한 슬기요 생명의 잔치라는 결론에 도달하게 되었습니다.

현대 문명은 우리에게 아파트라는 문화를 가져다 주었습니다. 그런데 중요한 것은 아파트에서 살아가는 사람들이 영육간에 건강을 해치고 있다는 사실입니다.

아파트는 닫힌 문의 문화입니다. 소통은 막혀 있으며 서로를 모르고 멀게 하는 고독한 건축물입니다. 그 속에서 우리는 각종 유해한 환경 호로몬에 노출되어 현대병을 앓고 있습니다.

한옥의 높은 위상을 위해

사람은 벗해서 살아가는 존재입니다. 기대는 곳에서 인정이 싹트고 존재감도 더 많이 생겨납니다. 그런데 아파트는 내가 상대에게 누구인지, 상대가 나에게 어떤 의미를 가지고 있는지 갈등을 느끼게 합니다. 실지 우리는 이웃에 누가 살아가고 있는지 잘 모르고 있습니다. 이것이 벽의 문화가 가지고 있는 두터운 고독입니다.

국민 모두가 대문의 주인이 될 때까지

나의 이야기는 곧 전통 한옥의 이야기입니다. 여러분도 알다시피 전통 한옥은 우리 대한민국의 정신과 사상을 담고 있습니다. 한옥에는 겉으로 보기에 간파하지 못하는 수많은 언어와 감성과 지혜가 배어 있습니다.

지금 세계는 전통 한옥에 대해 열광하고 있습니다. 나라마다 마니아층이 형성되어 있을 정도이니 더는 말해서 무얼 하겠습니까? 왜 세계가 이토록 한옥에 대해 열광을 할까요. 아마도 인간의 생명과 건강을 지키는 독특한 건축 양식 때문일 것입니다.

디자인을 보더라도 한옥은 세계의 디자이너가 침범하지 못하는 고유하고 개성 넘치는 차원 높은 세계를 형성하고 있습니다. 지금으로부터 수백 년 전 조상의 디자인 실력은 현대의 어느 디자인보다 뛰어나다는 것을 알 수 있습니다. 후손으로서 매우 자랑스러운 일이 아닐 수가 없습니다.

그럼에도 불구하고 우리나라의 건축은 지금 세상에서 점점 그 자취를 감추어 가고 있습니다. 무분별한 개발정책이 낳은 결과입니다. 이것은 크나큰 역사적 손실이면서 매우 가슴 아픈 일이기도 합니다.

우리나라만큼 전통의 가치를 가볍게 여기거나 소중하게 간직하지 않는 나라도 드물 것입니다. 유럽의 경우를 보면 그들의 문화는 전통과 현대가 조화롭게 평형을 이루고 있습니다. 우리처럼 과거의 전통을 없애고 현대 문명에 취해 버린 민족은 없을 것입니다.

저는 이러한 현실을 목도한 후 전통 한옥을 복원해야 한다는 사명감과 꿈을 간직하게 되었습니다. 물론 현대적으로 조화를 이루는 한옥을 말입니다. 과거의 한옥에도 장점이 있지만 현대주택에도 장점이 있습니다.

한옥은 충분히 세계를 놀라게 할 수 있는 매우 품격 높은 작품입니다. 건축 디자인의 르네상스 시대를 열어 가는 데 한옥은 가장 훌륭한 자원입니다. 저는 이번에 한옥을 직접 만들어 가면서 한옥에 대해 색다른 감성과 가치를 느끼게 되었습니다.

세계 속의 대한민국이 되는 길은 바로 전통 한옥을 새롭게 조명하는 길입니다. 아무쪼록 이 한 권의 책이 우리나라가 가지고 있는 전통의 가치를 제대로 알고 소중하게 여기게 되는 계기가 되었으면 하는 마음 진심으로 간절합니다.

2011. 12. 남양주시 희망마을에서

아리랑한옥 국제연구소 원장 **김 이 환**

미지의 세계

차례

01

한옥이 사랑받는 시대

한옥은 우리나라의 전통 가옥을 가리키는 말입니다. 우리나라의 전통 가옥이지만 지금 세계인들은 한옥의 가치에 눈을 뜨고 있습니다. 기왓장이나 올려놓고 세계인들이 눈독을 들일 만한 가치가 있을까 고개를 흔드는 사람들도 있을지 모르겠으나 한옥은 현대 건축의 기본정신을 가장 극명하게 담고 있습니다.

그런 편견을 가지고 있는 사람이라면 이 글을 읽고 생각을 바꾸시기를 바랍니다. 서구의 과학적인 사고를 가진 사람이 왜 한옥을 건강을 지키는 주택이라고 극찬하고 부러워하는 것일까요? 그럴

만한 이유와 가치가 충분하기 때문이지요.

한옥은 어떠한 가옥보다 과학적입니다. 그러니까 우리의 선조들이 적어도 가옥만큼은 서구의 과학을 일찍이 앞서 왔다는 사실에 자긍심을 가지고 한옥을 사랑하고 보존하려는 마음을 가져야 할 것입니다.

국내에도 한옥을 선호하는 인구는 꾸준히 증가하고 있습니다. 수백 년 전의 전통 한옥이 왜 오늘날에 와서 세계인들로부터 칭송을 받는 것인지 그 이유를 알아야 할 것입니다. 그것이 우리가 한옥의 가치를 알고 새롭게 친구로 사귈 수 있는 소통이 마련될 수 있기 때문이지요.

한옥이 국내외를 망라하여 뜨거운 관심을 받고 있는 이유는 다른 데 있지 않습니다. 한옥은 건축 초기 단계부터 완성되는 단계까지 인간의 건강을 소중히 여기는 생명존중 사상이 담겨져 있습니다.

시각적으로도 한옥은 자연의 일부 같은 어울림이 있습니다. 자연이 하나 건축이 하나 따로 분리되지 않고 자연 속의 일부로 상존하는 여유와 낭만이 있습니다.

그 미학은 자연과 하나로 동일시하는 시각적 만족을 안겨 줍니다. 한옥 안에 들어서면 그만큼 편안하고 아늑합니다. 이것은 한옥이 자연과의 어울림을 중시한 깊은 실험 정신에 의해 조성되었다는 것을 알게 합니다.

사람을 편하게 생각하는 것이 곧 건강의 시작입니다. 그런 점에서 한옥은 단순한 건축이 아니라 생명보존의 푸른 신호등입니다.

모든 나라가 전통 가옥이 있습니다. 그러나 한옥만큼 건강에 밀접한 건축 양식은 없습니다.

물론 이웃나라 중국과 일본은 우리와 비슷한 건축 양식을 가지고 있습니다만 외형적인 조형의 유사성일뿐 내구성에서는 전혀 다른 차이를 보여 주고 있습니다.

한옥은 자재 모두가 친환경 소재로 이루어져 있습니다. 그래서 사람과 가족이 하나로 숨을 쉬고 생각하며 동화되어 살아갑니다. 몸과 마음이 하나이듯 인간과 한옥은 하나로 어우러집니다.

단청에 머무는 달빛은 신비하고 정감이 있습니다. 달빛과 별빛은 한옥의 지붕에 그윽하게 내려옵니다. 한옥은 자연의 일부이고 전부이기도 합니다.

한옥의 가장 큰 장점은 어울림입니다. 자연의 모든 것과 소통하도록 여유를 제공해 주는 것이 한옥이기도 합니다.

어스름한 저녁에 한옥을 바라보고 있노라면 한 폭의 그림을 보는 것 같습니다. 정물이 아닌 하나의 생명체로서 우뚝 서 있습니다.

윤중 고택 사랑채

저는 한옥을 건축이라고 하지 않고 작품이라고 말하고 있습니다. 터를 잡고 들어서 있으나 자연과 분리되어 있지 않습니다. 한옥은 이야기를 하고 숨을 쉽니다.

이러한 한옥이 세계인들로부터 사랑을 받기 시작한 것은 어찌 보면 매우 당연한 현상입니다.

전주에 가면 한옥마을이 조성되어 있습니다. 매년 찾아오는 관광객이 3백만 명에 육박한다고 합니다. 주택이 관광 자원이 되고 있는 것을 보면 한옥이 얼마나 위대한 건축물인지를 잘 알 수가 있습니다.

그럼에도 불구하고 그동안 한옥은 국민들에게 천대를 받아 왔습니다. 아파트의 출현 때문입니다.

건설장비에 의해 전통 한옥이 무너져 내려도 누구 하나 막아서는 사람이 없었습니다. 결국 수천 년 겨레의 생명을 지켜 온 한옥은 이제 쉽게 구경할 수 없을 만큼 역사에서 사라졌습니다. 전 국토가 아파트로 꽃을 피우고 있습니다.

아파트는 생명을 단절하는 유해성을 갖고 있습니다. 자연과 조화를 이루고 있는 것이 아니라 자연을 훼손하고 해치고 있으며 인간의 건강까지 앗아가는 주범이 되고 있습니다.

여행을 가기 위해 길을 나서서 고속도로와 국도를 달려 보면 시야에 가득 들어찬 것은 아파트입니다.

국토 어디 가나 아파트뿐입니다. 그런 아파트를 보면서 우리가 느끼는 것은 자연과 전혀 다른 차이점입니다. 조화는 없습니다.

우주와 다른 무엇인가가 국토를 점령하고 있다는 느낌을 갖게 됩니다. 전혀 다른 생경함, 이질적인 고독이 엄습해 오는 것을 느끼지 않을 수가 없습니다.

아파트는 현대 문명의 이단아입니다. 그것은 주거라기보다 생명력이 없는 정물입니다. 그곳에서 살아가는 사람들의 삶이 행복할 수 없습니다.

인간은 존재하기에 행복한 것이 아니라 선택할 수 있기에 행복한 것입니다. 이제라도 한옥이 국민과 세계인들로부터 사랑을 받게 된 것은 매우 바람직한 일입니다.

저는 한옥을 한류상품으로 육성하고자 하는 큰 뜻을 품고 있습니다. 건강을 생각하고 지켜 주는 한옥은

깊은 사색의 시간

그 자체로 매우 훌륭한 상품입니다.

세계 곳곳에 한옥이 자리잡고 있는 것을 상상하면 너무나 황홀하고 대견해서 오금이 다 저릴 지경입니다. 꿈은 시도하는 자의 몫으로 돌아간다고 생각합니다.

한옥이 국내인과 외국인에게도 관광 상품이 되었다는 것은 외국 진출의 가능성을 매우 밝게 하고 있습니다.

井邑 金東洙 家屋

02

전통 한옥은 어울림의 문화

전통 한옥은 특유의 온돌 난방이 채용되며, 좌식생활에 알맞은 주택 구조를 갖추고 있습니다. 온돌 난방은 아시아권 중에서도 우리나라만 유독 많이 발달했습니다.

유러시아처럼 추운 지방도 아닌데 왜 온돌을 구성했는지 참으로 궁금하기 짝이 없습니다.

뭔가 조상의 깊은 뜻이 내포되어 있겠지만 미루어 짐작하건대 아마도 삼한사온의 계절 때문에 추위에 적응하기 위해 온돌을 사용하지 않았나 하는 상상을 해 볼 뿐입니다. 제 생각이 맞을지는 모르겠으나 한옥은 지역과 날씨 등 자연환경의 조건을 감안해서 지은 특색을 가지고 있습니다.

우리 조상들의 건축이나 유산들은 이토록 지혜가 있었고 과학적인 상식이 넘쳐났습니다. 서구 문물을 받아들이기 전 이미 우리에게도 과학이 넘쳐났다고 합니다. 어떻게 보면 서구문명은 전쟁에 필요한 군사 무기와 같은 침략에 사용되는 문명이 발달했고 우리 선조들은 생활 속의 지혜와 과학이 발달했다고 볼 수 있습니다. 이래저래 머리 좋은 선조들을 둔 우리는 복이고 행운이기도 합니다.

한옥은 과학 르네상스 시대에도 간파할 수 없는 가옥에 대한 깊은 통찰과 철학이 숨겨져 있습니다. 이는 우리 후손들이 시간의 흐름에 따라 두고두고 연구하여 오늘날 현대에 맞는 적합한 건축을 만들어야 하며 이토록 훌륭한 유산을 보존하려는 의지가 정책과 민간차원에서 활발하게 진행되어야 할 것입니다.

한옥 구조는 지방에 따라 다소 차이가 있지만 대체로 기와 또는 초가지붕에 안방 · 건넌방 · 대청마루 · 사랑방 · 부엌 등으로 이루어져 있습니다. 우리 선조들이 이러한 공간을 막힘 없이 넘나들면서 서로 따뜻한 정을 나누며 행복하게 살았을 것을 생각하면 절로 흥에 겨워집니다.

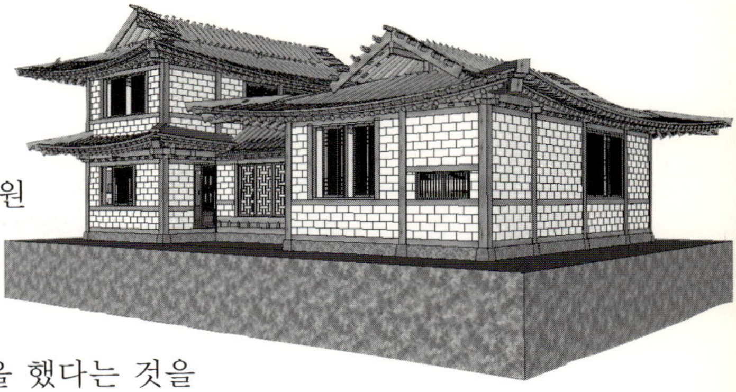

4개의 방은 가족의 구성원을 배려한 것인데 우리 선조들이 지금과는 달리 오래도록 가족 단위의 생활을 했다는 것을 알 수 있습니다. 개인주의가 발달한 요즘은 이러한 주택구조 자체가 별반 흥미를 주지 않을지 모르겠지만 가족이 오순도순 모여서 살아갈 수 있는 행복 찾기의 여행이 가능한 가장 합리적인 생활구조가 아닌가 합니다.

물론 지금의 생활구조도 가족 단위의 생활을 하기에 부족하지는 않으나 시멘트벽이 아닌 창호지문으로 나누어 놓은 공간에서 생활하는 것은 가족애를 주고받는 점에서는 현격한 차이가 있을 것으로 생각합니다.

한옥은 그 자체가 나눔이고 친교이며 소통입니다. 나를 타인에게 알리는 창구이며 타인의 행동반경이 나의 시야 속에서 벗어나지 않습니다. 이웃사촌이란 말이 제대로 어울리는 생활상입니다.

그러다 보니 우리 현대인이 극심하게 앓고 있는 외로움이라는 병은 없었던 것 같습니다.

군중 속의 고독은 다수와 살아가지만 다수와 어울리지 못하는 데서 싹트는 병입니다. 헤르만 헷세가 지은 데미안에 보면 이런

창덕궁 낙석재 솟을대문

구절이 나옵니다.

> 사람이 사람을 두려워하는 것은 세상에 자기와 똑같은 사람이 없기 때문이다.

우리는 주변에 사람이 많고 이웃 속에서 함께 어울려 살아간다고 생각하지만 정작 손을 잡을 수 있는 사람들은 그리 많지 않습니다. 아파트 문명은 이렇게 타인과의 벽을 만들어서 서로를 모르게 하고 무관심 속에서 관계를 갖게 합니다.

최근 조사에 따르면 우리나라 사람들이 우울증이나 정신과적인 증세를 많이 보이고 있다고 합니다. 아파트 문명을 살아가는 지금 우리나라 사람들이 유독 우울증 같은 병에 노출되는 것을 볼 때 이런 모든 현상은 양극화라는 사회적 문제 못지않게 아파트 주거 문화에 원인이 있지 않나 미루어 짐작하게 됩니다.

이 말 때문에 전국의 아파트 값이 떨어져서 원망과 독설을 들을지라도 해야 할 말은 해야겠다는 생각입니다.

주거는 인간의 삶과 가장 밀접한 상관관계가 있습니다. 어느 정신과 의사는 아파트가 우리 인간의 정신적인 건강을 해치는 주범이라는 주장을 폈습니다. 저는 그분의 연구 논문을 읽어 보지는 않았으나 충분히 그러한 개연성이 있다는 것을 조금은 알고 있습니다.

벽으로 이루어진 공간은 사람과의 소통을 막고 곁에 있는 사람조차 무엇을 하고 있는지, 무슨 생각을 하고 있는지 모르게 합니다. 이것이 아파트 문화의 대표적인 위해성입니다. 이러한 환경에서 주거 속의 고독이 싹트지 않을 수 없는 일입니다.

우울증을 앓고 있는 사람들이 자살을 할 때 대부분 아파트에서

추락해서 자살한다고 합니다. 이런 일련의 사실을 놓고 볼 때 주거는 인간의 행복과 직결되는 매우 중대한 의미를 가지고 있다고 생각합니다. 실지 한옥에서 살고 있는 사람이 자살을 했다는 소식은 거의 없습니다.

요즘의 아파트는 방은 많으나 벽과 벽 사이가 견고하며 소통을 할 수 없도록 설계되어 있습니다. 개인의 생활과 인격을 존중한다는 취지에서 가족 내에서도 서로 무엇을 하는지 들여다 볼 수 없는 구조로 만든 아파트의 폐단은 별도의 설명이 없이도 잘 알고 계실 것이라 생각합니다.

한옥은 보통의 경우 안방은 주부의 거처로 사용되고, 대청마루 건너편에 노인이나 아이들의 거처로 쓰이는 건넌방이 있습니다.

주인이 거처하는 사랑방은 응접실용으로도 쓰이는데, 큰 가옥

에서는 안사랑 · 바깥사랑을 따로 두기도 합니다.

안방을 주부의 거처로 사용했다는 것은 가부장 시대에 맞지 않는 구도라고 생각하실지 모르겠으나 주부들이 부엌 사용을 편하게 하라고 배려를 한 듯합니다. 주부들은 작은 통로를 통해 수시로 부엌을 드나들면서 가족들에게 음식을 해 날랐습니다. 이 대목에서는 우리나라 여성분들이 얼마나 가사 일을 많이 했는지 짐작해 보고 그 노고를 치하해야 할 것이지만 그래도 안방을 내주어 가사 일에 편리를 볼 수 있도록 배려했다는 점도 중요한 사실입니다. 참으로 아름답고 세심한 배려가 아닌가 합니다.

전통 한옥의 대표적인 모델인 ㄷ 자의 구조는 사람과 사람의 동선이 서로 마주보거나 연결되는 어울림을 유도합니다. 이러한 동 선은 오고가는 사람의 차별을 두지 않고 경계를 두지 않은 구조입니다. 그리고 자주 마주치는 길목을 만들어 가족 간에 친목과 우애를 다지도록 합니다. 사람이 사는 집, 특히 가족끼리 모여

남산 한옥마을

사는 집은 구조에서부터 소통이 잘되도록 해야 합니다.

만나면서 인사하고 손을 잡고 비비면서 살가운 정이 두터워질 수 있기 때문이지요. 따라서 이러한 집의 구조는 서로를 배려하기도 수월하고 어떤 생각을 하는지, 무슨 모습인지, 아픈지 즐거운지 한번에 알 수가 있습니다.

이는 가족구성원이 소외되는 것을 방지하고 가족의 단결력과 사랑을 나누는 수단이 되기도 합니다.

이와 같이 한옥은 인간과 인간의 연결고리 역할을 할 뿐 아니라 서로를 이해하고 공유하는 정신문화적인 측면에서의 가치를 품고 있습니다.

가옥을 단순히 잠자는 곳으로 생각하는 것은 현대의 편견일 뿐 주거는 우리의 삶과 하나이고 그러한 동질성 속에서의 합일이 달성되었을 때 인간은 비로소 행복이 완성될 수 있는 것입니다.

대다수의 한옥은 안방과 가장 가까운 거리에 연결되어 그 통로를 벗해 매우 낮은 부뚜막이 구조된 부엌을 조성해 놓았으며 큰 대문 양편으로 행랑채 · 광 · 축사가 있어 담의 역할을 겸하고 있습니다.

말이 담이지 사람의 움직임을 언제든지 어느 쪽에서든 포착해 낼 수 있어서 전체적인 한옥의 내부구조는 열린 공간이라고 해도 무방하다 할 것입니다.

이와 같은 한옥의 특징은 대개의 경우 눈에 잘 띄지 않는 후미진 곳에 측간을 둡니다. 대문 안으로 사방을 휘둘러 들어서면 대문보다 작은 중문(中門)이 있고, 안채와 사랑채 사이에 소문(小門)이 설치되기도 합니다.

문과 문을 연결하는 작은 소로는 걸을 때마다 깊은 정취를 느끼게 하며 서로를 바라보도록 유도하는 장치이기도 합니다.

소문은 사랑 나눔의 통로이면서 안집에서 나누지 못하는 밀담

남산 한옥마을

을 나누거나 드러내고 싶지 않은 가정사의 이야깃거리가 생겨나는 곳입니다. 소위 밀실생활이 가능한 공간이지요.

상류층에서는 별당이 따로 있었습니다. 별당은 외부 인사들이 방문했을 때를 생각해서 만든 별채로서 사교가 활발했던 조선시대 양반 계급의 생활상을 보여 주고 있습니다.

지금이나 그때나 손님을 맞이하는 것은 특별한 일로 부잣집들은 별도의 공간까지 마련하여 손님을 맞이하는 여유로운 생활을 했던 것입니다.

다시 안을 들여다보면 안마당 · 사랑마당 · 별당마당 · 행랑마당 등이 구분되어 하나의 전체적인 조화를 이루고 있다는 것을 알 수 있습니다. 한옥은 내부의 연결고리가 열려 있는 장점이 있습니다.

그러한 동선을 통해 우리가 얻을 수 있는 것은 가족간의 관계입니다. 한옥은 끈의 문화요 소통의 문화입니다.

안채는 가정생활의 중추를 이루는 주거의 중심입니다.

안채에서 나는 소리를 들으면 그 가정의 분위기와 전통과 가풍까지 들여다 볼 수 있습니다. 안방에서 나는 할아버지의 기침소리와 밤새 기침을 하면서 빨래 방망이를 두드리는 엄마의 목소리는 달빛도 졸 만큼 정겹고 따스합니다.

한옥은 이렇게 가족뿐 아니라 모든 것을 어울리게 합니다.

선교장 연지당

각각의 개체가 그 안에서 하나로 어우러집니다. 한옥을 어울림의 문화라고 하는 이유가 여기에 있습니다.

대청마루는 대소사를 치르는 장소입니다. 제례도 올리고 가족끼리 모여 앉아 시원한 바람과 교제를 하는 공간입니다. 지나가는 행인이 있으면 불러서 냉수 한 사발을 주기도 하고 이웃의 소식을 받아서 전달도 해 주며 동네 사람 누구나 들러서 수인사를 나눌 수 있는 열린 공간입니다.

대청마루는 메주나 고추를 말리는 데 활용하기도 합니다. 대청마루는 여러 가지 용도로 사용되기도 하지만 이웃을 위한 열린 공간이기도 합니다. 대문을 열고 들어서면 제일 먼저 맞이하는 것이 대청마루입니다.

그 마루는 계절마다 새로운 볼거리와 풍속을 제공합니다. 여름에는 부채를 든 할아버지가 좌불처럼 앉아 파리를 쫓고 있고 겨울에는 따스한 햇볕에 몸을 기대고 있는 강아지가 보입니다.

겨울을 나기 위해 여러 가지 나물과 곡식이 햇볕을 향해 몸을 누이고 있습니다. 이런 목가적인 풍경은 한옥이 가지고 있는 가장 아름다운 장점입니다.

안방에서는 화롯불이 창호지를 붉게 물들이고 저녁이 되면 할머니의 자장가 소리가 귓가에 달려 들어와 안깁니다.

03

전통 건축 양식에 의해 지은 집 형태

전통 한옥은 서양식 주택인 양옥에 대비하여 부르는 말입니다. 따라서 전통 한옥은 한국 사람들이 짓고 살던 주택 양식을 말합니다.

이것은 사전적인 의미의 해석입니다만 차이점은 이루 말할 수 없이 많이 있습니다. 이러한 전통 한옥은 겨울철의 난방을 위한 온돌과 여름철의 냉방을 위한 마루가 균형 있게 결합된 구조를 갖추고 있는 점이 가장 큰 특징입니다.

이는 한반도가 대륙성 기후와 해양성 기후가 늘 같이 하고 있어

더위와 추위를 동시에 해결하기 위해 마련된 것으로 추정되고 있다고 전합니다.

물론 이것은 학계의 주장입니다만 앞서 말했듯이 저 개인적으로는 그 이상의 가치와 목적이 있다는 생각입니다.

우리 조상들이 얼마나 꾀가 많고 지혜로운데 단순히 대륙성 기후 때문에 한옥을 지었다고는 생각하지 않습니다.

아무튼 온돌은 정서적인 안정에 기여합니다. 바깥 추위에 떨다가 집에 들어와 양말을 벗고 발을 씻은 다음 이불이 돗자리처럼 덩그러니 펼쳐져 있는 아랫목에 발을 넣어 보면 그 순간 가족의 사랑을 느낄 수 있습니다.

온돌은 한 가족이 이부자리 속에 발을 집어넣고 추위를 이기는 수단이 되기도 하지만 가족간 대화를 나누는 창구 역할도 했다고 보입니다. 이와 같이 한옥은 서로를 알게 하고 마주보게 하는 문화입니다.

한옥은 지역과 기후에 따라 그 형식에 차이를 두고 있습니다. 예를 들면, 함경도와 강원도 같은 북부 지방은 겨울의 추위를 이기기 위하여 '田자형'의 집 형태가 많고, 황해도와 경기도 같은 중부 지방에는 'ㄱ자형'의 집 형태가 많으며, 경상도와 전라도 같은 남부 지방에는 '一자형'의 집 형태가 발달한 것은 이를 잘 말해 주고 있습니다.

다시 말해 북부 지방에서는 부엌과 방, 안방 · 대청 · 건넌방이 一자형으로 연결되게 설계하었던 것입니다.

하지만 집의 일반적인 형태는 온돌방을 중심으로 이루어져 있다는 것을 알 수 있습니다. 집 가운데에는 대청마루를 두어 여름을 시원하게 지낼 수 있게 하였고, 대청마루를 중심으로 양쪽에

남산 한옥마을

방이 있는 구조가 일반적입니다.

현대인들은 전통 한옥 중에서도 개량이 되지 않은 집을 별로 선호하지 않는데 바로 이런 불편 때문입니다.

현대문명의 편리성에 장기간 길들여져 있는 우리로서는 순간적으로 불편을 느끼게 됩니다.

'어휴, 저곳에서 어떻게 지내.'

아마도 전통 한옥을 구경한 사람들은 한결같이 이런 불평을 했을 것입니다. 필자 또한 전통 재래식 한옥을 보고서 느낀 것이 생활의 불편함이었습니다.

제가 실용 한옥의 길을 선택하게 된 동기입니다. 우리 것이 좋다고 해서 무조건 선택하는 것에 저는 반대합니다. 시대적인 흐름을 외면하면 결코 좋은 주택이라고 할 수 없습니다. 이러한 집의 형태는 기후에 따른 집의 쓰임새를 최대한 살린 것이지만 방과 방 사이의 독립성이 다소 떨어지고, 화장실의 이용이 불편하며, 부엌의 사용이 불편한 단점도 있습니다.

물론 이것은 아주 재래식의 한옥을 가리키는 것이며 오늘날의 한옥은 이러한 단점을 모두 해결했습니다.

우리 조상들이 언제부터 위와 같은 집 형태를 이루고 살았는지는 확실하지 않습니다.

다만 신석기 시대의 움집터와 청동기 시대의 집터 등이 발견되고 있다고 전해지고 있으며 그 후 삼국 시대의 벽화 등에서도 전통 한옥의 집 형태가 나타나고 있어 꾸준히 실생활에 맞추어 발달하였을 것으로 추정되고 있습니다.

초기에는 초가집 형태가 많았습니다. 한옥은 역사의 변천과 함께 발전을 거듭해 왔습니다.

주택은 인간의 역사와 함께 발전해 왔다는 사실을 증명합니다. 오늘날 아파트가 주거의 대세를 이루었으나 얼마 지나지 않아 또 다른 형태의 주거가 출현할 것으로 내다보고 있습니다.

물론 저는 한옥이 그 자리를 메우게 되리라는 확신을 가지고 있으며 그렇게 되어야 한다고 생각합니다.

신라의 삼국 통일 이후 초가집이 줄어들면서 기와집들이 늘어나게 됩니다. 그것은 아마도 편리성을 쫓고 발견하는 인간의 본능 때문인 것으로 판단이 됩니다.

그 규모는 매우 크고 치장이 놀랍도록 화려하여 사절유택(四節遊宅)이라 불리기도 하였습니다.

이후 고려 시대를 거치면서 도시를 계획적으로 만드는 기술이 발달하였고 전통 한옥은 규모와 형태에 있어서 발전을 거듭하게 된 것입니다.

당시 얼마나 한옥이 주거의 성황을 이루었으면 조선 시대 세종 때에는 집의 규모를 형편에 따라 제한하는 법령을 만들기도 하였습니다.

그야말로 한옥의 전성기 시대요 르네상스 시대라고 해도 무방합니다. 이렇듯이 한옥은 우리나라의 대표적인 주거 형태였으며 시대가 변천하면서 어느 정도는 편리성이 증대되어 오늘에 이른 것입니다.

04

전통 한옥의 특징

전통 한옥의 형태는 지방에 따라 구조가 다르게 지어졌습니다. 환경과 기후는 그 지역의 주거 형태를 다르게 하는 주된 요인이었습니다.

북부 지방에서는 바깥의 차가운 기운을 막고, 안의 열을 유지하기 위해 방을 두 줄로 배열하는 겹집 구조와 낮은 지붕의 한옥이 발달하였습니다.

남부 지방에서는 바람이 잘 통하도록 방을 한 줄로 배열하는 홑집 구조와 마루 구조가 발달하였습니다.

북부지방에서는 그 당시부터 단열구조를 만들었습니다. 지금은 아주 뛰어난 단열재가 있지만 당시에는 단열재가 없었고 그런 단점을 보완하기위해 겹집구조를 택한 것입니다.

겹집구조는 바람이 안쪽에서 물결치는 것을 차단하고 외부에서 들어오는 찬 공기가 따스하게 데워지는 기능을 합니다. 지붕이 낮으면 찬 공기를 흡수해 내는 장점이 있습니다. 외부열과 내부열의 조화를 통해 온기를 유지하게 되는 것입니다.

남부 지방에서는 온도가 높으니까 바람이 잘 통하도록 한 줄로 방을 배열했는데 조상들의 뛰어난 건축 기법을 엿보게 하는 대목입니다.

또한, 전통 한옥은 상류층의 집이냐 일반 서민들의 민가냐에 따라 그 구조를 달리하였습니다.

특히, 상류층의 집은 대가족에 바탕을 둔 집 형태가 많았고, 신분과 남녀, 어른과 어린이 등을 구별하는 공간을 고려하였습니다.

이것은 당시 신분제도가 명확하게 정착되어 있었다는 것을 알게 하는 대목입니다.

집까지 차별을 둘 필요가 있었을까 하는 아쉬움을 느끼게 하지만 그래도 시대적인 상황을 더듬어 상상해 보면 인간의 사회성이 얼마나 차별을 추구하는지 알게 하는 대목입니다.

즉, 같은 집안에서도 집채를 달리하거나 작은 담장을 세워 그 공간을 서로 나누었습니다.

이것은 서로의 가치와 프라이버시를 존중하는 공간 배려 기법입니다. 그렇기는 하지만 서로가 무엇을 하고 있는지 조금이나 미루어 알 수 있는 구조를 가지고 있는 것이 특징입니다. 이와 같이 한옥은 배려를 중시합니다.

그리고 상류층의 집은 주택의 기능면에서 뿐만아니라 예술적인 가치도 생각하여 지어졌습니다. 뼈대 있는 집안의 한옥이 튼튼하고 외관도 매우 창의적이며 예술적인 감각을 구현했다는 사실을 알 수가 있습니다.

전통 한옥의 재료는 주변에서 구하기 쉬운 돌과 나무 및 흙 등을 사용했습니다.

전통 한옥을 자연친화적이라고 말하거나 대표적인 웰빙 주택이라고 말하는 이유입니다.

벽은 짚과 흙을 섞은 흙벽으로 만들었으며, 창에는 나무로 만든

남산 한옥마을

한지를 발랐습니다.

바닥에는 한지를 깐 뒤 콩기름 등을 발라 물에 의해 손상되는 것을 막았다고 합니다.

당시에는 현대적인 자재가 없었으니 자연을 이용한 자재를 사용했을 것이라고 생각할 수 있지만 사용하는 자재 하나하나를 살펴보면 대충 선별해서 자재로 사용한 것이 아니라 깊은 철학이 숨겨져 있으며 용도에 맞는 과학적인 연구가 있었다는 것을 알 수 있습니다.

2층 발코니 창호

실지로 기름은 물과 상반된 성질을 가지고 있어서 물이 스며들지 않습니다.

조상들은 바로 이러한 사실을 인식하고 물이 스며들지 않는 자재를 사용했던 것입니다. 한지는 여러 가지 환경물질을 흡수하는 놀라운 기능을 가지고 있습니다.

따라서 한지를 사용한 것을 보면 실내의 공기정화라는 목적을 애초부터 정하고 선택했다는 사실을 금방 알 수가 있습니다.

이와 같이 우리의 한옥은 매우 과학적인 고심을 통해 건축이 완성되었다는 사실을 쉽게 알 수 있습니다. 현대 문명을 살아가는 현대인들은 각종 발명품과 가까이 지내다 보니 과거 속의 선조들은 과학이 없지 않았을까 생각할 수 있지만 인간은 애초부터 생각하는 동물이므로 현대와 다르지 않은 슬기로운 과학이 있었다는 것을 알 수 있습니다.

오늘날의 과학이 르네상스 시대를 맞이한 것은 바로 과거의 과학이 총체적으로 합쳐졌기 때문에 가능한 일이라는 사실을 알게 합니다.

한옥 한 가지만 보더라도 우리의 선조들은 매우 과학적인 사고를 가진 민족이었습니다.

한지를 발라서 실내 공기를 정화시키는 것은 현대인들조차 미

아산 맹씨 행단

처 생각하지 못하는 웰빙적인 생활상이며 오늘날 건축가들과 소비자들이 한번쯤은 생각해 보아야 하는 모범적인 사례라고 보입니다.

요즘은 웰빙 바람이 불고 있으니 그나마 인간의 행복과 건강을 위해서 매우 바람직한 현상입니다만 인간이 사는 가옥은 반드시 건강에 기여하고 영향을 주는 자재로 사용해야 한다고 생각합니다.

그러나 아쉽게도 지금까지 현대의 주거는 우리네 조상님들이 고민한 만큼 깊이 배려한 흔적을 찾아 볼 수가 없습니다. 그냥 시멘트로 칸을 만드는 수준이었지요.

가옥은 인간의 행복과 밀접한 관계가 있다는 의견을 내어 놓았는데 실지 가옥은 인간의 생명과 함께 호흡하고 살아가는 생명체입니다.

가옥이 건강하면 사람도 건강하고 가옥이 건강하지 못하면 사람도 건강하지 못합니다.

그런 점에서 한옥은 우리 인간이 살아가야 하는 마지막 안식처입니다.

한옥의 가치를 알고 있는 현대인들은 그리 많지 않다고 생각합니다. 그저 '불편해서 어떻게 살아' 하는 사람들이 많은데 이제 한옥도 시대의 변천에 따라 많은 발전을 거듭해서 생활하는 데 불편하지 않으며 아파트보다 사용의 가치가 더 있습니다.

그래서 웰빙을 찾는 사람들이 섭생에만 신경을 쓰는데 이는 바른 방법이 아닙니다. 진정으로 건강하게 살아가려면 건강한 가옥에서 살아가야 한다는 말입니다.

그런 점에서 한옥은 가장 합리적이고 좋은 상품입니다.

한없는 느낌

05

초가집

전통 한옥은 지붕에 사용한 재료에 따라 크게 기와지붕 집과 초가지붕 집으로 나누고 있습니다.

보통 부유한 집에서는 기와로 지붕을 올렸고, 서민들은 볏짚으로 이은 초가지붕을 얹었습니다.

가진 자와 못 가진 자의 주택구조와 형태가 다른 것은 그때나 지금이나 같은 것 같습니다. 초가지붕 집은 겨울에는 열을 빼앗기지

남산 한옥마을

않고 여름에는 태양열을 차단해 주는 기능성 있는 집입니다.

볏짚은 구하기 쉽고 비도 잘 스며들지 않아 지붕의 재료로 가장 널리 사용하였습니다.

지금은 구경하기 힘이 들지만 시골농촌에 가 보면 농부들이 지붕 위에 올라가서 짚단을 덮는 광경을 종종 볼 수가 있었습니다.

그때는 볏단을 쌓아 두면 비가 새지 않을까 염려하기도 했는데 볏단의 기능을 알고 보니 괜한 걱정을 했구나 오늘에서야 깨닫게 되었습니다.

농사만 지으면 나오는 재료니 초가지붕을 짓고 살아가는 선조들은 소위 보수 공사를 할 때 돈이 들어가지 않아서 좋았을 거라는 생각도 스쳐갑니다.

하지만 매년 1번씩 지붕을 다시 이어야 하므로 번거로운 점이 많은 것이 초가집의 단점으로 꼽히고 있습니다. 여름철에는 벌레가 생기기도 하여 위생상도 좋지 않을 뿐 아니라 지붕을 올리기 위해 힘든 노동을 해야 했습니다. 화재의 위험에도 특별히 조심해야 했다고 합니다.

이런 불편에도 불구하고 볏단은 매우 중요한 자재였습니다. 실지 볏단을 놓고 물을 부어 보면 볏단이 물을 잘 먹지 않습니다. 볏단만 올려놓아도 방수가 저절로 된 셈이지요.

정말이지 우리 선조들의 건축 비법을 보면 절로 박수를 치지 않을 수가 없습니다. 요즘 한창 환경운동을 하고 있는데 우리 조상들은 그 당시부터 환경 재생운동을 전개하고 있었던 것이지요. 기가 막히도록 놀라운 지혜입니다.

06

전통 한옥의 종류

전통 한옥은 그 형태에 따라 크게 ㄱ자집, 一자집, 田자집으로 나뉘고 있습니다. 일반적으로 한옥하면 ㄷ자형을 생각하게 되는 데 실지 굉장히 많은 종류가 있습니다.

이러한 현상은 다른 나라들도 마찬가지이지만 유독 우리나라의 주거 형태가 다양한 것을 알 수가 있습니다.

이것은 주거를 당시의 기후와 환경을 중시하여 지어서 인간의 건강을 지키고자 하는 노력에 의해 시작된 것으로 판단하고 있습니다.

의성사촌 민산기념관에서 한옥체험

먼저 건물의 종마루가 ㄱ자형으로 구부러진 ㄱ자 집은 건물의 평면을 보고 지은 이름입니다.

ㄱ자 집을 앞면에서 보면 집의 구도를 한눈에 볼 수가 있습니다. 각 방의 위치와 평면이 한눈에 보이게 함으로써 단순한 구도를 보여 주고 있습니다.

여기에는 다시 서울에서 많이 볼 수 있는 서울형 주택과 경기도, 충청도 등지에서 볼 수 있는 중부형 주택이 있습니다. 이 세 가지의 유형은 모두 당시 지역적인 특색을 가지고 있습니다. 개성 넘치는 한옥의 전성시대가 바로 이때가 아닌가 합니다.

우리는 한옥의 형태를 보고 지역을 알 수 있고 구도를 보면서 이것이 양반한옥인지 평민한옥인지 알 수 있습니다.

서울형 주택은 소위 도시형 주택이라 할 수 있는데 일반적으로 대지 경계선에 잇대어 안채 · 사랑채 · 대문채 등을 연결하여 하나의 건물로 만드는 경우가 많았습니다.

전체적으로 집안의 경로가 가족과 사람 중심으로 지어져 있습니다. 예를 들자면 주부는 어디, 사랑채는 어디 식으로 각자의 역할과 접대를 생각하여 집을 지었다는 것을 알 수가 있습니다.

타인에 대한 배려 문화는 바로 여기서부터 싹트지 않았나 미루어 짐작하게 됩니다.

중부형 주택은 지방형 주택으로, 대지 경계선에 잇대어 짓는 경우는 드물고, 안채나 사랑채 등이 서로 독립하여 대지 안의 적당한 위치에 세워지며, 대문채와 행랑 및 담이 대지 경계선에 설치되었습니다.

一자집은 건물의 평면 형태가 一자로 된 집으로, 중앙 구들집과 5칸의 중앙 대청집의 2가지 유형이 있습니다. 田자집은 안마당을 중심으로 그 형태가 田자형을 이루는 집으로, 여기에는 경상도 지

一자형 집

방의 뜰집이 대표적입니다.

또한 전통 한옥은 그 지붕의 형식에 따라 맞배지붕 · 우진각 지붕 · 팔작지붕 3가지 유형의 집이 있습니다.

맞배지붕은 가장 간단한 지붕 형식이며, 마치 책을 반쯤 접은 八자형으로 되어 있습니다. 이와 같은 가옥의 형태는 충청남도 예산의 수덕사 대웅전에서 쉽게 볼 수 있습니다.

우진각 지붕은 지붕면이 4면으로 되어 있고, 앞 · 뒤와 왼쪽 · 오른쪽으로 물매가 있습니다. 가구는 팔작지붕과 비슷하나 지붕 높이가 높은 것이 특징이라 할 수 있습니다. 경상남도 합천의 해인사 대장경 판고가 대표적입니다.

팔작 지붕은 지붕면이 우진각 지붕처럼 4면이지만 옆면의 지붕면 위에 3각형으로 따로 이어 붙인 면을 두고 있습니다.

이 지붕은 우진각 지붕 상부를 수평으로 잘라 그 위에 맞배를 올려놓은 복합형이라 할 것입니다. 대개 절과 궁궐의 정전에 많이 쓰입니다. 한편, 전통 한옥은 그 쓰이는 재료에 따라 초가집, 기와집 너와집, 귀틀집 등으로 나뉘고 있습니다.

초가집은 볏짚으로 이은 초가지붕을 이용해 지은 집이고, 기와집은 지붕에 기와를 얹어 이어 지은 집입니다.

그리고 너와집은 너새로 이어 만든 집으로 너새집이라고도 합니다.

귀틀집은 큰 통나무를 '정(井)'자 모양으로 귀를 맞추어 층층이 얹고 틈을 흙으로 발라 지은 집으로 방틀집이라고도 합니다.

남산 한옥마을

07

전통 한옥의 배치

전통 한옥으로 오늘날 남아 있는 건물은 대부분 조선 시대의 집이라고 합니다. 한옥이 대대로 유산으로 남겨지지 않고 조선 시대 것만 남겨져 있다는 사실은 매우 안타까운 일입니다.

서울 도심이야 개발 정책 때문에 그렇다고 쳐도 지방도시까지 전통 가옥이 별로 남아 있지 않다는 사실은 도시 정책과 문화 재 관리 정책의 문제점을 그대로 드러내 놓고 있다고 생각합니다. 우리나라 사람들이 흔히들 하는 말이 있습니다. '옛것은 좋은 것이여'라는 말입니다.

바깥채와 안채를 구분함으로써 인간 존중 사상을 실현하는 전통 한옥의 배치 모습

말은 그렇게들 하지만 정작 전통의 가치를 향유하거나 보존하는 데는 인색한 것이 사실입니다.

전통은 그 나라 사람들의 단순한 풍습이 아니라 운명이고 동반의 시계바늘입니다. 전통을 잘 보존하고 살아 있는 도시는 정신적으로 풍요합니다.

유럽 사람들이 다른 나라 사람들에 비해 정신적으로 풍요로운 것은 유적이 살아 있기 때문입니다. 그 나라의 후손들은 조상들이 남겨놓은 유산을 가지고 관광수입을 통해 부를 창출하고 있습니다.

역사의 흔적은 이렇게 현대 문명 속에서 정신적인 풍요를 전달해 주는 수단으로 그 생명력을 유지하고 있습니다.

아시아권 나라들 중에서 필리핀이나 인도, 베트남, 가까운 일본 등의 나라들은 비교적 전통 문화 유산이 그대로 잘 보존되어 있습니다. 그들은 우리나라보다 역사가 길지 않습니다. 유구한 역사를 자랑하는 대한민국은 고도성장 제일주의 정책으로 일관하다 보니 아마도 전통 문화 유산을 보존해야 할 정신적인 여유가 없었나 봅니다.

개발을 통한 성장은 우리에게 생활의 편리성을 가져다 준 것이 사실이지만 그와 함께 잃은 것이 너무나도 많으며 그러한 가운데서도 전통 한옥의 가치를 없애지 않았다면 하는 아쉬움이 물결처럼 이는 것을 어쩔 수가 없습니다.

많은 나라들 중에서 인도는 전통이 가장 잘 보존되어 있으며 세계에서 가장 행복 지수가 높은 것으로 나타났습니다. 인간의 삶과 가옥의 상관관계가 있다는 대목이면서 전통의 가치를 얼마나 소중하게 여겨야 하는지를 여실히 보여 주는 대목입니다.

이제부터라도 우리나라 전통이 보존되고 발굴되는 정책을 펴나간다면 아마도 수십 년 후 우리의 후손들은 지금보다는 한결 더

의성 김씨 종가

정신적인 풍요 속에서 행복한 삶을 살아가게 될 것입니다.

어찌되었건 이런저런 이유로 전통 한옥을 이야기할 때 조선 시대의 사례를 기준으로 삼는 것이 일반적인 관례라고 합니다.

조선 시대의 경우, 안채는 집안 여성들의 공간으로 사용하기 편리하도록 대문으로부터 가장 안쪽에 위치하였으며, 보통 안방, 안대청, 건넌방, 부엌으로 이루어져 있습니다.

안채의 안방은 조선 시대 상류 주택의 실내 공간 가운데에서 중심이 되는 곳으로, 집안의 중요한 일이 이루어지던 공간입니다. 따라서 안채는 대문으로부터 가장 안쪽인 북쪽에 위치하였습니다.

가족 간의 배려가 넘쳐나는 대목입니다. 인간 존중 사상을 엿볼 수 있는 배치와 구도는 건축가들을 존경하게 하고 시대상을 흠모하도록 상상을 자극합니다.

정면 창호

남산 한옥마을

08

사랑채

이에 비하여 **사랑채는 학문 탐구 등의 활동 공간**으로 활용하거나 외부로부터 온 손님들을 융숭하게 대접하는 장소로 쓰였습니다.

명칭이 말해주듯 사랑채는 우리나라 사람들이 손님을 얼마나 소중하게 맞이했는지를 알게 하는 대목입니다. 이것은 관계성의 발달을 의미합니다.

자신의 집에 찾아오는 손님을 소중하게 대하는 풍토는 사회를 인간적인 상태로 만들어 가는 중요한 매개체이기도 합니다. 그만큼 한옥은 정적이며 열린 공간입니다.

요즘 우리가 사는 모습은 이와는 정반대의 현상을 보여 주고 있습니다. 특별한 날이 아니면 우리는 이웃과 소통하기가 쉽지 않습니다.

정신적인 여유를 잃어 가고 있기 때문이지요. 사랑채는 이웃이나 친지들이 모여서 서로 사귀는 매우 의미 있는 장소이기도 하였습니다. 부유한 집안의 경우는 사랑채가 독립된 건물로 있었다고 합니다.

일반적인 농가에서는 부유한 집과는 달리 한 공간 중에서 주로 대문 가까이의 바깥쪽 방을 사랑방으로 정해 남자들이 즐겨 사용했습니다. 한편, 조선 시대에는 조상을 모시는 것을 중시하여 대문으로부터 가장 안쪽, 안채의 안대청 뒤쪽이나 사랑채 뒤쪽 제일 높은 곳에 '사당'이라는 의례 공간을 마련하기도 하였습니다.

보통 사당에는 4개의 신위를 모시는데 서쪽부터 고조, 증조, 조부모의 신위를 모시며 마지막에 부모의 신위를 모셨습니다. 또한 전통 한옥은 신분의 높고 낮음에 따라 공간을 다르게 배치하였습니다. 경제적으로 여유가 있는 집안의 경우에는 안채와 사랑채 이외에도 하인들이 살거나 곡식 등을 저장해 두는 창고로서 쓰였던 행랑채가 따로 있었습니다. 그리고 안채의 안방과 건넌방, 사랑채의 사랑큰방 앞에는 '대청'이라는 넓은 마루가 있었습니다.

대청은 조선 시대 상류층 주택의 권위를 나타내는 상징적인 공간이며 각각의 방을 연결하는 공간으로서, 오늘날 주택의 거실에 해당합니다. 이 밖에 음식을 만드는 공간인 부엌이 있습니다. 부엌은 여성들의 공간인 안채에 안방과 가까운 곳에 있으나, 일부 대가에서는 별채로 독립시키기도 하였습니다.

부엌에는 불을 때는 2~4개의 아궁이가 있었으며 아궁이 위 부

민산기념관 한옥체험

뚜막에는 솥을 걸어 두었습니다.

아궁이는 안방과 접한 벽 쪽에 설치하여 음식물을 만들면서 동시에 방을 데우도록 하였고 또한 주택의 규모에 따라 부엌을 안방과 건넌방에 각각 두기도 하였는데, 이 때 안방과 접한 부엌이 주된 조리 공간이었고, 건넌방 쪽에 있는 부엌은 불 등을 때는 데 사용한 보조적인 공간이었습니다.

09

더위에 대비한 한옥의 구조

뙤약볕에 나가 가족이나 동네 조무래기들과 삼삼오오 열심히 뛰놀다 땀을 뻘뻘 흘리며 집에 돌아와 우물가에서 시원하게 목물하고 방에 들어가 누우면 차가운 방바닥으로 인해서 등의 땀이 금 새 싹 가십니다.

온돌은 겨울에는 난방용으로, 여름에는 시원한 냉방으로 두 가지의 역할을 수행해 내었습니다. 마루도 그렇지만 불을 때지 않은 방은 여름을 나는 데 반드시 필요한 기능이었습니다.

이것은 어렸을 적에 너나 할 것 없이 경험한 적이 있습니다. 아

남산 한옥마을

무리 더운 날도 바닥에 누워 있으면 허리에서부터 전해지는 냉기가 더위를 가시게 합니다.

온돌방은 불을 지피지 않고 놓아두면 매우 차가운 냉기를 담고 있습니다. 찬 바닥을 골라 이리 뒹굴 저리 뒹굴 하다 보면 더위는 저만큼 물러나서 이제 베잠방이 입고 일어나 앉을 만하게 되었던 것입니다.

거기다가 찬물로 목물까지 하면 세상 부러울 것이 없었지요. 겨울철에 온돌에 등을 지지면 어떠한 추위도 잊고 지낼 수 가 있었습니다. 온돌은 이렇게 다양한 용도로 사용되었습니다.

토담집은 흙벽이 매우 두껍습니다. 장사가 밀쳐도 담은 끄떡하지 않습니다. 요즘처럼 응고되는 시멘트로 짓지 않았어도 천년만년 견고하게 우리네 조상들을 바람이나 외부의 침입으로부터 지켜주었습니다.

흙은 우리의 한옥을 짓는 데 매우 중요한 재료입니다.

등을 붙이고 잠을 자면서 인체를 활성화시키고 에너지를 재충

전하는 방바닥은 흙입니다. 자연과 소통하는 방의 벽은 흙의 온습도 조절 능력을 담아내고 있습니다.

남산 한옥마을

온돌방에서 잠을 푹 자고 나면 하루가 기운차고 건강하게 생활할 수 있는 것은 온돌의 뜨거운 열기가 인체를 활성화시키는 기능 때문입니다.

그래서 차가운 바닥에서 잠을 자고 난 것과 온돌방에서 자고 난 다음의 생체 리듬은 전혀 상반된 차이점을 보여 주고 있습니다.

이것은 인간의 몸이 자연생태계가 가지고 있는 리듬을 타야만 건강하다는 사실을 보여 주고 있는 것입니다. 자연과 호흡하는 것이 얼마나 소중하며 친환경 소재를 사용하는 것이 또한 얼마나 중요한 것인가. 이 대목에서 잘 알 수 있습니다.

천장과 지붕의 흙은 축열과 단열의 성능을 가지고 있습니다. 요즘에는 뛰어난 단열제품이 많이 사용되고 제조되고 있습니다만 당시로서는 흙이 가장 우수한 단열재이며 이러한 효능은 오늘날에도 우수한 자재로 인정받고 있는 이유 중 하나입니다.

남산 한옥마을

서로 마주보는 방의 두 벽은 손으로 빚는 흙벽입니다. 바라보는 시선 속에는 가장 따스하고 안온한 기풍을 담아내고 있습니다.

벽과 벽 사이를 흐르는 평온하고 정적인 느낌, 이것이 한옥이 갖고 있는 또 다른 장점입니다. 시선이 머무는 곳마다 정서가 자극을 받고 메마른 마음이 소용돌이치는 감동을 느끼는 것이 한옥입니다.

나무줄기를 잘라서 용도에 따라 크기를 달리하여 뼈대를 만들고 안팎에서 사방으로 쭉 대를 둘러대고 마른 짚과 석회를 넣고 버무린 흙을 두껍게 바르면서 가운데는 왕겨숯을 충분히 넣습니다.

왕겨숯은 정화 작용과 단열 작용을 합니다. 그런데 본래 흙은 냉 복사가 심해 추운 겨울에 온기를 얻지 못하면 오히려 냉기를 실내로 방사하는 성질을 가지고 있습니다.

그래서 겨울에 불을 때지 않는 집은 냉장고 안처럼 한기가 느껴지는 것입니다.

흙집엔 왕겨숯이 가장 어울리는 단열재입니다. 왕겨숯은 목질부가 탄화되어 부패와 변질이 없으며 무수한 기공이 형성되어 있어 화학단열재보다 더 우수한 성능을 발휘하면서 음이온 방사, 방충, 항산화작용을 하는 단열재로서 참으로 그 성능이 우수한 자재입니다.

요즘에도 이러한 단열재를 사용한다면 친환경 소재로서 손색이 없을 것입니다. 나중에 소상하게 밝히겠습니다만 제가 이번에 만든 대마 단열재는 단열재 중에서도 가장 우수한 성능을 자랑합니다.

이번에 제가 지은 한옥에는 모두 대마 단열재를 사용했습니다. 흙은 겨울의 매서운 추위도 막아주지만 여름의 더운 기운을 가로막는 구실을 합니다.

문과 존재

담이 두꺼운 토담집은 출입구가 크지 않은 편입니다. 동굴로 들어가는 입구 정도입니다. 그런 토방(土房)은 바람이 따로 불지 않아도 뙤약볕의 마당보다는 훨씬 시원합니다. 굴 속 같기 때문입니다. 시멘트는 뙤약볕에 달구어지면 열기를 실내로 전달하지만 흙은 더위를 막아주고, 해가 떨어지면 시원한 기운을 되찾아 줍니다.

그 점은 더운 날 시멘트벽에 기대앉으면 후덥지근하지만 흙의 두꺼운 담에서는 오히려 찬 기운을 느낀다는 경험에서 알 수 있습니다. 이 두 가지의 효능은 한옥에서 빼놓을 수 없는 신비한 효과입니다.

겨울이면 반대로 흙은 따뜻한데 시멘트벽은 찬 기운이 맴돕니다. 오늘날에도 한옥으로 토담집을 권장하는 까닭도 이런 장점 때문입니다. 토담은 하늘에 떠 있는 모든 자연의 기운을 쓸어안고 살아갑니다. 배척하지 않고 미루거나 멀리 내보내지도 않습니다. 모든 것을 가까이 두고 가까이 오게 합니다.

자릴 잡고 천년을 서 있지만 그 위용과 흔들림이 없는 자태는 인간의 존재감과 가치를 느끼게 하며 살아 있는 모든 것과 소통할 수 있는 마음의 여유까지 제공을 합니다. 가옥과 거리의 경계선을 그어 놓고 서 있으나 이것은 벽이 아니라 하나의 조화로운 선입니다. 담은 뒤꿈치를 올리면 안을 볼 수도 있도록 낮게 여백을 남겨 두었습니다.

마루 깐 대청에 나가서 시원한 화채 한 그릇을 단숨에 비우면 석빙고를 끌어안고 있는 것같이 시원합니다. 인위적인 기계의 바람이 아니라 자연과 함께 호흡하면서 만들어 내는 것이기에 기운이 살 속으로 스며듭니다.

이미 나 자신도 바람이 되어 버립니다. 대청마루는 공간의 여유이면서 자연과 대화를 나누는 장입니다. 사색의 밀알이 생산되는 마당이면서 가족끼리 허물없이 친교를 쌓을 수 있는 유일한 광장과도 같습니다.

그런데 지금은 그러한 광장이 없습니다. 거실이라고 있는데 고작 해 봐야 대화는 하지 않고 텔레비전을 보는 공간일 뿐입니다.

대청마루에서 한가롭게 부채질까지 보태지면 이제 더위는 남의 일이 되어 갑니다.

오색의 문양을 한 부채는 자연의 바람을 담아내어 살 속에 안겨들도록 합니다. 사람들이 다리 짧은 좌탑(坐榻)에 올라앉아 좌담을 나누고 풍류를 즐깁니다.

술 한 잔이 목젖에서 요동치며 넘어가면 인생은 한편의 드라마로 변하고 그 시간은 행복으로 춤을 추게 됩니다.

남산 한옥마을

서로 사이를 두고 가지런히 박은 나무오리로 해서 좌탑의 바닥은 바람이 솔솔 통하게 되어 있습니다.

달빛에 구워낸 바람은 전신을 뱀처럼 타고 돌면서 온몸을 시원하게 해 줍니다. 까실하게 왕골 돗자리를 깔고 앉으면 이제 더위를 물러서게 하는 마련은 다 된 셈입니다. 그야말로 천하가 태평이지요. 새로 장만한 등거리를 베잠방이 속에 받쳐 입습니다. 의복이 몸에 착 달라붙지 않고 등거리로 해서 사이가 뜨고 그리로 통풍이 되니 부채 바람이 깊은 사타구니에까지 시원하게 불어줍니다.

몸에 붙은 살은 시원해서 어쩔 줄 모르고 영혼의 풍요는 만개하여 절로 미소짓게 합니다. 삼복더위의 찌는 듯한 마당에 비하면

남산 한옥마을

대청은 한결 시원하고 쾌적합니다.

대청은 아침나절부터 벌써 그늘에 들어 있어서 좌탑을 뒤편 바라지창 가깝게 자리 잡으면 뒷동산에서 불어오는 시원한 바람기로 해서 기분 좋은 졸음에 빠집니다.

대청에서 낮잠을 자고 나면 진종일 거릴 쏘다녀도 덥지 않을 만큼 몸의 온도를 식힐 수가 있습니다.

얼른 등거리를 벗고 잘생긴 죽부인(竹夫人) 끼고 대나무 죽침(竹枕)이나 사기로 만든 도침(陶枕)을 베면, 머리가 상쾌해지면서 남가일몽(南柯一夢)을 즐길 수 있습니다.

그야말로 무주공산이요 천국이 따로 없습니다. 이러한 풍경이 가능한 것은 한옥이 갖고 있는 건축 구조의 특성 때문입니다.

요즘에도 사기로 베개를 삼는데 그 효과는 예나 지금이나 같은 것 같습니다. 대청마루는 기묘하게 태양열을 이용합니다. 한옥은 처마가 깊은 게 묘미입니다. 곡선의 길이는 짧으나 그 뜻은 깊고 그가 전하는 언어 이상의 정감은 뼛속을 타고 들어옵니다.

깊은 처마는 지상에서 춤을 추는 뙤약볕을 가려주고, 볕을 가리니 그늘이 지게 되는 아름다운 구조입니다. 가려서 얻어지는 시원한 공간구도의 조화는 처마의 단아함이고 수려함입니다. 이렇게 만들어진 그늘은 너무나도 시원하고 생각의 창을 열게 합니다. 나무 그늘이 시원한 것처럼 마당에 비하면 훨씬 더 서늘합니다.

서늘하고 더워서 온도의 차이가 나면 공기는 서로 마주보고 흐릅니다. 서로 부딪히면서 자기 자신의 가치를 드러내고 상대의 가치를 드높여 주는 일을 합니다.

이렇게 순환하고 마찰하면서 더운 공기와 찬 공기가 만나서 차게도 되고 덥게도 되는 것입니다. 이 역학적인 기류의 조합은 한옥의 가치를 더한층 빛나게 합니다. 한옥은 자연과 가까이 있으면서 서로 융합을 합니다.

바람은 바람대로 햇볕은 햇볕대로 머물고 어우러지면서 살가운 정을 나누며 살아갑니다. 한옥은 무엇보다 그 점을 적절하게 이용하고 있습니다. 건축기술의 하이테크한 기술 혁명이요 진보적인 구도에서 나오는 기법입니다. 한옥은 대략 배산임수(背山臨水) 하는 터전을 이상형으로 생각하고 도시보다는 산기슭에 집터를 잡아 세운다고 합니다. 시원한 숲의 바람이 사방에서 집안으로 불어들기 때문입니다. 바람은 대청마루에 머물고 안방에 머물고 공간 구석을 비행하면서 여름을 시원하게 나도록 보살펴 줍니다.

이런 공간에서 자연과 융화되어 살아가는데 어찌 사람의 행복이 배가되지 않겠습니까?

뙤약볕의 마당에서 더워진 공기 쪽으로 찬 공기가 흐르는 것입

하늘과 맞닿은 느낌

니다. 마당으로 가려는 공기가 집에 막혀서 처마 밑에 감돌곤 합니다.

이 기류가 아주 놀라운 여건을 조성해 줍니다.

소문을 들어 아는 분들은 알겠지만 충북 진천 연곡리의 보탑사 삼층목탑 동편 약사여래상 앞에 놓인 수박은 사월 팔일에 올렸는데도 썩지 않고 생생하게 견디는 것을 알 수가 있습니다. 거기뿐

김동수 고택

만 아니라 산속 절경이 뛰어난 곳에서 수박을 물속에 들여놓고 지내보면 며칠이 가도 상하지 않고 싱싱한 것을 알 수가 있습니다.

이것은 자연이 자연의 음식을 품고 도는 작용에 의한 것으로 과학이 규명하기 힘든 초자연의 이치라고 생각합니다. 그 해 동짓날에 수박을 잘라 나누어 먹는데 그때까지도 수박이 상하지 않고 싱싱함을 뽐내기도 합니다.

시골 종가댁 뒷마당에 땅을 깊이 파서 오지항아리를 묻고 일년내내 제사에 쓰일 과일을 저장하는 것이 우리네 풍습이었습니다. 소위 저장고인데 세월이 지나도 과일은 상하지 않고 생생하게 유지가 됩니다.

제철에 갈무리해 두었다가 비철에 쓰려는 준비인데 정말이지 용케도 그 과일은 상하지 않고 여름을 지내고 한 해를 넘기기도 하는 것입니다.

이것은 공기와 기류의 작용에 의한 것인데 왜 그러는지는 저도 알 수가 없습니다. 다만 조상분들이 그만큼 슬기가 넘쳤다는 것을 생각할 수밖에요.

그러나 처마 밑에 항온항습(恒溫恒濕)의 기운이 넘치고 있어 그런 일이 가능하다면 동력을 사용하지 않고 저장할 수 있는 이 이치를 우리는 철저하게 규명하여 현대 과학에 접목할 필요성을 느낍니다.

이것이 우리 후손들이 해야 할 과학적인 유산에 대한 애정이고 책무입니다. 정말 그 현상이 조상들이 행한 과학 실험에 의한 것이라면 당연히 규명해야 합니다. 이는 한옥이 지닌 장점을 매우 정확하게 알아내고 규명하는 첫 단계가 됩니다. 현대 과학이 규명한 것 중 대다수가 이미 우리 조상들이 만들고 시도한 결과에 귀

남산 한옥마을

착되고 있습니다.

그래서 발명은 과거의 발명을 답습하며 시간여행을 통해 재조정되거나 완성되는 것입니다. 그만큼 우리 조상들은 훌륭한 재능과 유산을 가지고 있습니다. 전통이 가치가 있는 것은 수천 년 동안 전해지면서 반복 학습되었거나 무수한 실패와 실험적인 열정이 배어 있다는 점입니다.

그러니 새롭게 무엇을 연구하고 발견하려고 애쓰는 것보다 조상의 슬기와 지혜를 보다 나은 단계로 승화 발전시키는 것으로도 우리는 충분히 행복한 사회와 가치 있는 역사를 창출해 나갈 수 있다는 의견입니다.

우리 조상이 걸어온 역사의 바다는 그만큼 장엄하고 소중한 것입니다. 수천 년 동안 실험되고 시도된 경험에서 우러나온 학습은 안전하고 인류에 기여하는 바가 큽니다.

공기의 순환구조에 의해 과일이 보존되는 이것은 정말 이상하리만큼 과학적이고 초자연적인 현상입니다. 자연은 이렇게 위대합니다.

집 뒷간 처마에서 회오리처럼 휘감아 돌던 바람은 대문처럼 열린 바라지창을 통하여 대청으로 불쑥불쑥 불어듭니다.

집에서 사용하는 선풍기는 그야말로 저리가라입니다.

바람은 찬 기운과 더운 공기를 생산하는 마술을 부립니다. 이것이 대청마루와 한옥에서 벌어지는 자연의 하모니입니다.

풍도(風道)가 막혀서 멈추었다가 그대로 통과를 하게 되니 공기에 속도가 붙고 회전 풍속(風速)이 생김으로서 대청의 전체 공기는 빠르게 유속하며 도도히 흐릅니다. 그런 공기의 다양한 가닥이 모여들어 대청의 삼각형 천장으로 다시 고공 비행을 하며 불어 오릅니다.

피라미드의 각추형처럼 뾰족하게 생긴 두둑한 천장을 휘감은 바람의 양기가 대청마루로 일시에 폭포처럼 쏟아지면 행복한 기운이 절로 전신을 휘감아 옵니다.

집안을 돌다 한껏 충전된 기(氣)가 대청에 좌기(坐起)하고 있는

남산 한옥마을

사람과 들창에 그을려 일을 하다가 들어선 아낙에게까지 다가서니 여름에 탈진하였던 기운이 복구되고 음양의 자극을 받아 건강하지 않을 수가 없습니다.

생명은 이렇게 자연과의 호흡을 통하고 스스럼없는 만남을 통해 건강하게 유지가 됩니다. 누가 먼저고 나중이 없습니다. 서로 만나는 것에 제약이 없고 떠나는 것에는 반드시 남김이 있습니다.

여름철 허약해지는 체질 강화를 위해 따로 보약을 먹지 않아도 그만한 천지조화의 기운을 받으면 거뜬하게 여름을 이겨낼 수 있게 됩니다.

우리 조상들은 복날에 뜨끈한 국물 음식을 먹습니다. 그러한 풍습은 오늘날까지 이어져 오고 있습니다. 이열치열의 처방인데 시원한 토방이나 마루 깐 널찍한 대청에서 식구들이 모여 앉아 즐겁게 먹으면 긴 여름을 거쳐 감기 한 번 앓지 않고 겨울을 넘기고 잘도 삼복더위를 이겨 냅니다.

대청은 고온다습한 지역에서 발달된 구조입니다. 따라서 매우 개방적입니다. 그 열린 공간의 조화로움이 구들과 공동 전선을 펴서 한옥을 짓는 과정에서도 그대로 채택되어 대청 앞쪽은 대문을 열어 놓은 것처럼 거의 개방된 구조로 남겨둡니다.

대청은 그래서 큰 나무 아래 정자나 다락집이나 원두막만큼이나 시원하게 냉방의 기능을 발휘합니다. 대청은 그늘만 들어 오는 것이 아닙니다. 뜨거운 햇살이 대청 입구까지 들어오고 나가고를 반복하며 왕래합니다. 그러나 더위는 대청에 머물지 않고 바람처럼 이내 사라집니다.

그것은 대청마루 밑이 지면과 닿지 않도록 높이를 조정해 만들어 찬 공기를 계속해서 퍼 올려놓는 방식을 취했기 때문입니다. 그 밑으로는 언제나 시원한 공기가 흘러들고 있습니다. 이쯤 되면 더위는 무관한 상태가 됩니다.

에어컨 없이는 하루도 살아 갈 수 없을 만큼 삼복더위에 지칠 대로 지친 현대인들에게는 정말이지 꿈만 같은 일입니다. 자연은 치유의 능력만 가지고 있는 것이 아니라 더위도 추위도 물러서게 하는 능력을 동시에 가지고 있습니다.

우리 조상들은 이렇게 자연을 이용하는 지혜를 가지고 있었습니다. 여름이 가지고 온

더위를 집의 구조를 통해 물리치고 겨울이 가지고 온 추위를 다시 집의 구조를 통해 물리쳤던 것입니다. 그러하니 무슨 에너지 대란도 없었고 따로 계절을 이겨 내기 위해 애를 쓰지 않아도 되었던 것입니다.

열대야의 괴로움을 하소연하는 현대인들이 대청 만들고 처마를 깊게 한다면 기름 한 방울 나지 않는 나라 형편에 종일 냉방하느라 그 비싼 기름을 소비하지 않아도 여름을 무던히 지낼 수 있음을 알아야 할 것입니다.

기와를 얹은 서까래의 위용

10

추위에 대비한 한옥의 구조

한옥집의 하루는 난방을 위해 불을 지피는 것으로 시작됩니다.

온기는 바닥의 흙을 달구면서 고공을 날아서 방안의 온기를 데워 줍니다. 아궁이에 지핀 불은 살아 있는 생명체처럼 안에서 생활하는 안주인들이 추위를 이길 수 있도록 이불처럼 감싸 안아 줍니다. 안방의 경우엔 부뚜막이 있습니다. 가마솥을 건 부뚜막에는 큼직한 아궁이가 있어서 장작을 듬뿍 집어넣고 불을 때어도 좋을 만큼 넉넉합니다.

큰 구멍으로 장작 나무를 집어넣고 불길을 뚫어지게 바라보고

남산 한옥마을

있노라면 불길에서 번져오는 장엄한 몸짓이 있습니다.

뜨거운 기운을 받으면서 부엌을 지키면서 불을 때면 인류 최초로 불을 발견한 사람의 위대한 정신을 느끼게 됩니다. 불은 그렇게 넉넉하게 타오르면서 아궁이를 지나 통로에 들어서서 안방을 데워 가족을 불러들입니다.

이제 가족은 하나가 되고 가장 가까운 거리에서 서로를 바라보거나 대화를 나누기 시작합니다.

가족 중심의 사회에서 가장 필요한 것이 온돌 문화입니다.

온돌은 어머니의 가슴 같고 고향 언덕을 지키는 따스한 햇볕같습니다.

아궁이 바닥은 안쪽으로 약간 경사지게 높여서 짓고 아래턱에 적당한 위치를 잡아서 고래가 시작하는 부위에 '부넘기'라는 각진 턱을 만들어 줍니다.

장작에 불이 붙으면 불과 연기가 이 '부넘기'로 해서 고개를 바싹 쳐들어 왕래하게 되고 그래서 깊은 고래 위에 얹은 구들장을 핥으며 식지 않는 용광로 같은 불이 지나갈 수 있게 됩니다.

고래로 그냥 통과하면 방이 덥혀지지 않게 되기 때문입니다. 부넘기를 만들지 않으면 그 상태로는 아까운 열량만 소비할 뿐입니다. 고래로 통과하는 불길과 더운 공기가 구들장에 달라붙게 마련하는 일이 아궁이 시설의 요체입니다.

아궁이의 불을 가만히 들여다 보면 불길이 혀로 핥듯이 지나가는 것을 볼 수가 있습니다. 이것이 구들장의 묘미이며 과학적인 기술입니다. 고래는 30cm 정도의 높이로 골을 이루듯이 만들어 집니다. 여러 개의 골이 평행하기도 하고, 아궁이로부터 방사선형으로 고래를 켜기도 합니다.

남산 한옥마을

켠다는 말은 고래를 같은 간격으로 이랑 이루듯 만들어낸다는 의미입니다. 방 전체에 고래를 설치하는 방법에서 고래 주변에는 고래보다 깊이가 더 깊은 개자리가 생깁니다. 개자리는 50cm이상의 깊이를 가져서 고래보다 바닥이 찹니다.

불땀에 휩싸여 따라 들어오던 그을음과 티끌들이 이 개자리에 떨어집니다.

개자리에 머물던 더운 기운이 비로소 굴뚝으로 향하게 되는데 개자리는 아궁이에서 덥혀진 더운 공기와 불길이 구들에 오래 머물기를 바라며 만든 것이어서 더운 공기가 굴뚝으로 직행하려는 동작을 제어하는 에어커튼의 구실을 합니다.

소각로 중에 세계에서 가장 과학적으로 발달한 것이 한옥의 구들이라는 점은 바로 이 개자리가 있기 때문인데, 이는 수 천 년 불을 지펴온 사람들의 지혜에서 우러나온 결과입니다.

구들은 불길을 조정하고 제어하면서 완충 역할을 하는 일종의 제어 장치입니다. 한옥의 아궁이가 이토록 과학적으로 설계되었다는 사실을 아는 사람은 그리 많지 않습니다. 조상분들이 만든 것 중 현대 과학을 능가하는 놀라운 업적은 참으로 많이 있습니다. 그런데 더욱 놀라운 것은 방에 구들을 들인 예가 세계 어느 민족에도 없다는 사실입니다.

더군다나 현대에 와서 만들어진 소각로보다 그 기능과 효과가 단연 월등하다는 사실은 우리를 놀라게 합니다.

그런데도 국내에서조차 소각로는 다른 나라에서 수입한 것을 사용하고 있고, 공해가 발산된다는 점으로 해서 공포에 시달리고 있습니다. 그만큼 우리는 우리 것에 대해 무관심했고 전통 유산을 현대에 접목시켜 활용하려는 노력을 하지 않았다는 사실을 알게 합니다.

예를 들어 김치의 효능을 연구하는 학자들이 많이 늘어나고 있는데 김치가 얼마나 과학적으로 만들어진 전통 음식이면 몇 년 전 세계를 공포로 몰아넣은 싸스라는 전염병에도 유독 한국인만 잘 안 걸렸겠습니까?

새로운 것을 연구해야만 인류에게 필요한 해결책이 만들어 지는 것은 아닙니다. 이미 우리 조상들이 누려 오고 학습해 온 가치를 발굴하고 연구하는 것이 인류 공헌에 앞장서는 출발점이 될 것입니다. 지금이라도 우리 과학자들이 구들의 효능을 철저하게 분석하고 연구하면 인류가 추구하는 무공해의 소각로를 개발할 수 있을 것입니다.

개자리에서 머물던 더운 기운은 티끌을 다 떨어버리고 맑은 하늘로 한 연기만 배출합니다. 아궁이가 공기정화 작용까지 하도록 설계를 한 것이지요. 시골 굴뚝에서 나오는 연기를 보면 굉장히 파란 것을 쉽게 알 수가 있습니다.

땅바닥에 연무로 퍼지는 파란 색의 연기는 한옥만이 뿜어내는 살가운 정취이기도 하고 또 그 연기는 집안 마당을 노닐다가 살충재의 구실도 합니다. 벌이 날아다니듯 나비가 춤을 추듯 온갖 형상을 몸짓으로 추면서 벌레나 균을 죽이는 역할을 하고 돌아다닙

남산 한옥마을

니다.

아궁이에서 나온 연기는 일반연기보다 독해서 어쩌다 눈에 들어가기만 하면 이내 눈물방울이 맺혀 흘러내립니다.

이런 일들은 어릴 적에 시골에서 살아본 사람들은 누구나 경험해 본 적이 있는 일입니다.

이것은 공기나 세균 정화 역할을 할 만큼 강한 자극이 있기 때문입니다.

보통 사랑방 굴뚝을 방문 앞마당에 설치하기도 하는데 키가 낮은 앉은뱅이 굴뚝입니다. 아주 정감어린 구조물이어서 눈에 거슬리지 않는 것이 장점입니다. 인테리어 설치가 조화를 이루는 형국이지요.

그 앉은뱅이 굴뚝에서 연기가 나옵니다. 모깃불을 따로 지피지 않아도 그 연기로 해서 벌써 모기는 저만큼 달아나 버립니다. 보통 굴뚝 언저리에는 거미줄이 없습니다. 줄을 치고 벌레를 잡아먹어야 하는데 연기에 쫓겨 벌레들이 다 피해가 버려서 거미로서는 헛수고할 까닭이 없으니 거미줄을 치지 않는 것이라고 합니다. 소나무를 때면 소나무 그을음이 가마솥이나 아궁이 구들장에 묻습니다. 그것을 긁어내면 먹을 만들 수 있습니다. 먹으로 글씨를 쓰면 먹 묻은 자리는 잘 썩지 않습니다. 먹에 방부 기능이 있기 때문입니다.

고향 한옥에 사는 이들이 발달된 의료기관이 없던 시절에 건강하게 살 수 있었던 일도 아궁이와 굴뚝에서 하루에도 몇 번 거듭 살균해 준 덕분이라고 할 수 있습니다.

중국에 가서 자금성을 구경하면 굴뚝 보기가 어렵다고 합니다. 일본의 살림집에는 아예 굴뚝이 없습니다. 화덕 말고는 불 때는 곳이 없기 때문입니다. 그에 비하여 한옥의 굴뚝은 집집에 있고 건물마다 조성되어 있습니다.

한옥에서만 볼 수 있는 귀여운 앉은뱅이 굴뚝. 공기나 세균을 정화시켰다.

그런 굴뚝은 굴뚝 조형에 특별한 재주를 부려서 우리는 경복궁에만도 보물 810호와 811호로 지정된 굴뚝이 있을 정도입니다. 전 세계에서 굴뚝을 나라의 보배로 지정한 민족은 우리뿐이라고 합니다.

불이 인류의 문명을 선도하였다는 점에서 우리 구들은 놀라운 구조라고 할 수 있습니다. 지금까지 열거한 것 외에도 한옥은 여러 가지 다양한 기능과 장점을 가지고 있습니다. 한옥은 인간의 생명을 건강하게 보존하는 절대적으로 필요한 수단이며 과학임을 증명하고 있습니다.

그런데 왜 그토록 소중한 우리의 문화유산이 오늘날까지 제대로 보존되지 않고 역사의 살생부로 희생이 되어 버렸는지 참으로 안타까운 일입니다.

집은 인간의 또 다른 모습이면서 같은 동질성의 가치를 가지고 있다는 것이 저의 주장입니다.

제가 전통 한옥의 복원을 위해 일생을 바치고자 결심하고 뛰어 든 것은 인간은 건

지금부터 시작이다.

강하게 살아가야 할 가치가 있으며 한옥이 그러한 목적을 달성할 수 있다는 신념 때문입니다.

참으로 다행스러운 것은 이제라도 한옥에 대한 가치를 조명하는 연구 작업이 활발하게 이루어지고 있으며 많은 사람들이 한옥에서 살고자 하는 소망을 가지고 있다는 것입니다

위에서 지적한 바와 같이 역사의 유적과 전통이 제대로 보존되어 있는 민족은 정신적으로 풍요로운 삶을 살아가고 있다는 말을 했습니다.

오늘날 전통 한옥의 복원 사업은 저 개인 뿐 아니라 국민 모두가 관심을 기울여야하는 시대적인 과제입니다. 그것은 우리 모두가 행복해야 하기 때문에 선택한 주거문화의 마지막 대안입니다.

무분별한 개발정책에 희생된 우리의 전통 한옥은 이제 서서히 다시 살아나고 있습니다. 지금은 가족해체의 시대이면서 개인주의 시대입니다. 시대의 변화를 거부하거나 기피하는 것은 옳은 선택이 아니겠으나 이제부터라도 전통은 지켜지고 보존되어야 한다고 생각합니다.

나는 대청마루에서 가족들이 옹기종기 모여 앉아 대화를 나누고 서로를 감싸안으며 관심을 기울이면서 살아간 조상들을 생각하며 그때가 참으로 행복했겠구나 미루어 짐작합니다.

군중 속의 고독이라는 말은 당시에는 없었을 것입니다. 지금은 가족이 있고 친구가 있어도 외로운 세상입니다.

그것은 벽의 문화가 만든 폐단입니다.

어딜 가나 벽으로 가려져 있습니다. 경계선이 없이 열린 공간은 없습니다. 사람이 살아가는 집도 일하는 직장도 모든 것이 각진 콘크리트 구조물입니다. 관계성이 소멸된 사회에서 인간은 고독하고 외로울 수밖에 없습니다.

한옥의 천년 숨결

문명은 일정 부분 정신적인 빈곤을 만들어 내고 있습니다. 그러나 그것이 너무나도 당연시되었을 때. 인간의 삶은 갈수록 불행해 질 수밖에 없을 것입니다.

나는 한옥이 정신문명의 길을 열어가는 기초가 된다고 생각합니다. 끈끈한 가족애 속에서 성장한 사람들은 사회성도 풍부하고 정감이 있는 것을 알 수가 있습니다. 반면 가족단위에서부터 애정을 나누지 못한 사람들은 사회성도 메말라 있습니다.

왜 한옥이 정신적인 풍요를 가져다 줄 수 있는지는 위의 설명을 통해 충분히 전달했을 것으로 판단합니다. 한옥은 관계와 소통의 문화입니다. 집의 구조가 자연스럽게 이웃과 가족과 어울려 지내도록 설계가 되어 있습니다.

노력하지 않아도 서로의 손을 잡게 해 주고 서로의 생각을 읽어낼 수 있도록 설계되어 있다는 것입니다.

하나는 하나가 아니고 둘이며 서로 긴밀하게 이어져 살아가도록 유도합니다. 이웃 간에도 마찬가지의 효과를 볼 수가 있습니다.

그래서 공간의 구도는 매우 중요한 것입니다. 어울림의 미학이 넘쳐나는 한옥

이 널리 보급된다면 가족 해체의 시대는 다시 가족모임의 시대를 맞이하게 될 것입니다.

그렇게 되면 우리는 다시금 정신적인 풍요를 누리면서 생을 살아갈 수가 있다고 생각합니다.

지금은 우리 모두가 정신적인 빈곤의 시대를 살아가고 있습니다. 그 속에서 우리는 누구나 할 것 없이 외로움의 주인공입니다. 얼만큼 행복하냐고 물을 것이 아니라 얼만큼 누가 덜 외롭게 살아가느냐가 화두입니다.

그만큼 이 시대는 외롭게 굴러가고 있습니다. 사람이 주인공이 되어 살고 있지 않고 물질이 주인공인 시대를 살아가고 있기 때문입니다. 행복하기 위해서는 메마른 문화 공간을 없애는 일부터 해야 합니다. 그리고 우리 각자가 어우러질수 있는 공간을 만들어 가야 합니다.

한옥은 정신문명의 부활을 위해서 가장 앞선 가치를 지니고 있습니다.

우리는 서로를 각각의 개인으로 살아가도록 만들어 가고 있습니다. 아파트 문화는 이러한 변화의 물꼬를 터준 공을 인정해 주어야 합니다. 외로움으로 물들어간 당신과 나의 삶은 이제 변화를 모색하지 않으면 안됩니다.

정겨운 가족모임을 닮은 운치있는 한옥의 모습

아파트를 바라보고 하늘을 동시에 응시하면 울먹이며 전해지는 비애가 있습니다. 마치 하늘을 갈라놓는 듯한 날카로움과 비대칭의 불균형을 느끼게 합니다. 내려앉는 달빛도 처연하고 쏟아지는 별빛도 자릴 제대로 잡지 못하는 느낌을 안겨 주고 있습니다.

부조화의 영상이 하늘을 베개 삼아 펼쳐지고 있습니다. 도심 속의 고독은 바로 이곳에서부터 싹트기 시작합니다.아파트는 자연과 하나될 수 없습니다.

그것은 따로 노는 문명의 이기일 뿐입니다. 나의 감성은 그대로 주저앉습니다. 왜냐하면 아파트는 생명력이 없기 때문입니다.

닫힌 기운. 무엇인가 고독해질 수밖에 없는 선의 부조화 속에서 나는 인간이 메마를 수밖에 없다는 결론에 도달하게 됩니다. 그러나 한옥은 자연과 하나입니다. 떨어지는 달빛은 더욱 아름답게 빛나고 고공을 비행하며 내려앉는 별빛은 더욱 초롱하게 느껴집니다.

11

나는 디자인 건축 1세대였다

지금 저는 **한옥에 미친 사람이라고 해도 무방할 정도**의 열의와 정열을 가지고 있습니다. 그만큼 한옥을 사랑합니다. 천년 역사의 시간 여행을 해 오면서 현대에 들어와 멈추어선 한옥. 하필이면 후손들에 의해 수난을 당하면서도 사라지지 않는 한옥의 생명력은 다시 태어나 어떠한 시간 속에서도 풍화되지 않고 질기고 질기게 영원할 것입니다.

저는 다시금 부활하고 있는 조선시대의 훌륭한 문화유산인 전통 한옥에 생명력을 불어 넣어 주기 위해 많은 시간을 할애하고

들어오세요

있습니다.

저는 지난 5년 동안 한옥과 가장 아름답고 깊이 있는 밀애를 즐겨 왔습니다.

남녀 간에도 사랑의 아픔이 있듯이 한옥을 사랑해 온 시간은 모두 행복한 것만은 아니었습니다. 사회적 관심도 빈약하고 수용층도 별로 있지 않은 상황에서는 미친 사람으로 취급받을 수밖에 없었습니다.

이런 나의 한옥 사랑은 지금으로부터 5년 전으로 거슬러 올라갑니다. 저는 원래 디자인 건축 1세대로서 80년 개발붐이 일어날 당시부터 90년대까지 도시 건축으로 한 시대를 풍미한 적이 있습니다.

당시 제 눈에 들어 온 것은 디자인에서 멀어진 아파트를 어떻게 하면 예쁘게 짓느냐 하는 것이었습니다.

아파트는 어느 하늘나라에서 날아온 화석처럼 도심 구석구석 박혀 있었습니다. 그것은 집이라고 하기보다는 차라리 커다란 박스와 같았습니다.

벌집처럼 박혀 있는 실내등에서 발산하는 불빛은 제 눈과 마음을 시리게 했고 소위 건축가의 양심의 벽을 허물고 사람 냄새가 나며 자연과 어울리는 집을 짓도록 제 영혼을 몰아세웠습니다.

의성사촌 민산기념관

그동안 습득한 건축 기술이 인류 문명과 인간의 행복에 반한다는 사실을 깨닫기까지는 얼마 걸리지 않았습니다.

당시만 해도 제가 지은 집은 고가로 팔려 나갔습니다. 디자인과 실내를 조금 변형했을 뿐인데도 사람들은 열광했습니다. 디자인의 시각적인 만족은 자신이 남과 다른 곳에서 산다는 차별적인 신분 상승의 기회로 작용합니다.

저는 새롭게 선보인 아파트로 인해 적지 않은 명성과 돈을 벌었습니다. 저를 쫓는 마니아층이 형성될 정도였습니다.

사람들의 반응은 전격적이었고 많은 돈은 벌었지만 저는 집을 짓고 나서도 행복하지가 않았습니다.

건축가는 집을 짓는 순간부터 완성되는 순간까지 하나하나의 몸짓과 시간의 모든 것을 가슴속에 묻고 지냅니다. 소위 여자가 아이를 잉태하는 것과 전혀 다르지 않습니다.

고통의 시간을 가지고 인내하며 품어 왔던 집이 완성이 되었을 때 행복하지 않다면 그 집은 집으로서의 가치가 없는 것입니다. 그렇다면 나는 지금까지 집을 짓는 것이 아니라 무엇을 지었다는 말인가! 건축가로서의 깊은 회의가 바람처럼 일렁이며 가슴속을 휘젓고 다녔습니다.

저는 실로 아주 오랜만에 가옥이 인간의 행복과 직결되고 제공하는 에너지라는 것을 느끼게 되었습니다.

사람과 호흡하고 건강을 지키는 집. 인간의 수명을 연장하고 행복을 앗아가지 않는 집. 정서적인 만족과 가족간의 긴밀한 친교가 보장되고 이웃간의 소통이 물처럼 흐를 수 있는 그런 집을 지어야 한다는 사명감이 머릴 스쳐갔습니다.

내면 속에서 싹터 오는 정밀한 깨우침을 저는 외면할 수가 없었습니다. 제가 그로부터 선택한 길은 한옥을 짓는 것이었습니다.

당시는 모든 사람들이 아파트에 열광했습니다. 아마도 함께 모

발코니

여 살아가면 행복할 것이라는 기대 때문이었을 것입니다. 편리성도 한몫을 했을 것이구요. 그러나 우리는 불행에 갇히고야 말았습니다. 서로 어울려서 행복할 것이라는 기대는 와르르 무너져 내렸습니다.

아파트는 많은 사람들에게 행복을 전달해 주지 못했습니다. 그런데 아파트 구조물에 반해서 한옥은 제가 그토록 열망하던 인간 중심의 기술과 과학을 가장 많이 가지고 있는 건축물이었습니다. 저는 스스로에게 더 이상 양심의 가책을 하지 않았고 불행하지도 않았습니다.

저는 그런 꿈을 꾸는 순간부터 행복한 시간여행을 하게 되었습니다. 한옥 사랑은 이렇게 시작되었습니다.

패션 하우스 1세대에서 한옥으로 분야를 바꾸는 순간부터 저는 비로소 건축가로서 행복한 삶을 살아가고 있습니다.

앞서 열거한 대로 한옥은 현대 건축물과 전혀 다른 구도와 기법을 가지고 있습니다.

생명창조. 그렇습니다. 한옥은 단순한 가옥을 넘어서는 시공을 초월한 일대 사건이며 최고의 격찬을 아끼지 않을 빛나는 건축물입니다. 오늘날에 와서 한옥이 새롭게 조명이 되고 있는 것은 매우 바람직한 현상입니다.

그것은 가옥이 인간의 행복과 직결된다는 것을 느끼는 사람들이 많아지고 있다는 사회 현상을 반영하는 결과입니다. 저는 제가 직접 설계하고 지은 한옥을 보고 매일 매일 행복합니다. 건축가의 길에 들어선 지 수십 년 동안 집을 짓고 나서 이토록 행복한 적이 없었습니다.

건축가는 인간의 행복을 증대하는 사명을 가져야 한다는 생각에서 출발한 가옥의 새로운 길은 내가 지은 집으로 인해 많은 사람들이 행복할 수 있다는 자신감에서 비롯되고 있습니다.

천 년 동안 명맥을 이어오던 한옥을 현대의 기술과 접목을 시켜 놓으니 그야말로 최고의 명품이 탄생되었습니다.

스스로 자화자찬을 하고 있을지도 모르지만 한옥은 그만한 가치를 가지고 있습니다. 조상의 슬기와 지혜를 담아내는 작업은 먼저 인간존중 사상을 깨우치지 않으면 안 되는 일이었습니다. 제가 한옥을 짓기 위해 정착한 곳은 남양주시 화도읍 묵현리 산162번지입니다.

한옥에 대해 아무런 상식이 없던 저로서는 매우 용기 있는 결단이었습니다. 길은 발을 내딛는 자에게 몸을 내어준다는 천리가 아는 그 순간부터 내가 걸어 가야 할 길이 순탄하지 않다는 것을 알고 있었지만 세계 최고의 건축물을 짓겠다는 자신감에 부풀어 있

하늘이 내려앉은 지붕

었습니다.

남양주시는 주변의 자연 경관이 뛰어나고 공기도 맑은데다 교통인프라가 조성이 잘된 곳이었습니다. 산세가 낮고 주거가 밀집해 있는 이곳은 한창 개발붐이 일어나서인지 매우 활기가 넘치는 곳이기도 했습니다. 사람들이 이곳에 와서 사는 집을 지으려면 지역적인 안배나 자연환경, 교통 접근성을 살핀다는 것이 이곳 남양주시에 정착하게 된 동기입니다. 어느덧 이곳에 온 지 5년이 넘어서고 있습니다.

지난 5년 동안 저는 한옥 한 채를 짓는 데 시간을 다 할애했습니다. 그조차 넘치는 시간이 아니라 한없이 부족하고 또 부족하기만 한 시간이었습니다.

수백 채를 짓는 것도 아니고 어떻게 한 채를 짓는 데 5년 동안의 시간을 쏟아 부었을까 의아해 하실 분도 적지 않을 것입니다. 그러나 이것은 사실입니다. 그것도 단 하루도 멈추지 않은 고행이었고 사투의 항해였습니다.

무수한 실험이 있었고 실패가 있었습니다. 저는 이곳에 정착하는 순간부터 가족 이외는 거의 사람을 만나본 적이 없습니다. 모든 소식을 끊고서 한옥에 대한 관심만을 가지고 지내왔습니다.

그러자 디자인 건축 1세대가 뭐가 아쉬워서 한옥에 미쳐 저 고생을 하고 있나 하는 소문이 돌기 시작했습니다. 현대 건축가로서 명성이 있던 저에게 쏟아지는 소문은 안타깝다는 것이었습니다.

당시는 한옥에 관심을 가지고 있는 사람들이 별로 많지 않았습니다. 서울시가 개발정책에 속도를 내느라 있던 한옥마을을 불도저로 밀어 버리는 시기였습니다. 전통한옥은 현대개발정책에 장애물이었을 뿐이었습니다.

한옥이 그토록 터부시되고 천대 받던 시절이었으니 저에 대해 반 미쳤다는 주변의 소문은 너무나도 당연한 것이었습니다. 그러나 저는 아랑곳하지 않았습니다.

가십거리의 소문으로 인해 한옥에 정진하기로 한 결심을 번복할 수는 없었습니다, 저는 이곳 남양주시에 뼈를 묻기로 작정하고 한옥에 대한 연구와 개발에 열중하게 됩니다.

토지를 매입하고 허가를 내는 일에 세월을 보내다가 시청에 허가를 득하고 땅에 첫 삽을 꽂기까지는 적지 않은 삶의 회환이 있었습니다.

구구한 사연을 여기다가 모두 옮길 수는 없지만 무엇보다 시청에서 한옥 개발 사업허가를 받기가 여간 힘겨운 일이 아니었습니다. 이러저런 지원 대책이 제대로 마련되어 있지 않은 상황이었기에 말도 많고 탈도 많은 시간이었습니다.

저는 한옥을 짓기 위해 전국을 돌아다니며 문헌을 탐독하고 실지 지역을 돌아다니며 한옥을 탐사했습니다.

서울을 제외하고는 전국 어디를 가나 한옥이 몇 채 씩은 보존되어 있었습니다. 한옥의 전성기를 맞이했던 서울은 예외였습니다. 문헌상 한옥이 있어야 할 자리는 모두 아파트로 조성되어 있었습니다.

무엇을 보고 모범적인 답안을 내리고 이상적인 설계를 해야 할지 한동안 대안 없는, 앞이 보이지 않는 암흑의 갈등시간이 이어져갔습니다. 저는 실용한옥을 해야 했는데 당시만 해도 제대로 된 실용한옥의 모델이 전국 어디를 뒤져 보아도 없었기 때문입니다.

대충 조상이 만들어 놓은 집을 모델로 삼아 시작하면 되겠거니

하는 안일한 마음을 가지고 있던 저에게 실용한옥이라는 어원 자체가 낯설게 느껴지는 환경이라는 사실을 깨닫고 나서 저는 처음부터 스스로 한옥을 지어야 한다는 결론에 도달하게 됩니다.

물론 조상들이 일구어 놓은 고증된 문헌을 참고해서 쉬울 수도 있으나 그 구도와 경로를 추적했을 뿐 현대에 맞는 실용한옥을 짓는 데는 별반 도움이 되지 않았던 것이 사실입니다.

모든 것은 최초의 실험으로 이루어지고 진행이 되어야 했습니다. 기존 방식에서 탈피하지 않는다면 실용한옥을 짓는 일이 쉬운 과제가 아니었기 때문입니다.

현대에 들어와서 한옥의 가치를 알면서도 사람들은 한옥에서 살려는 단계에서는 최종적인 결론을 기피하는 현상을 보여 왔습니다. 그것은 한옥이 재래식에서 탈피하지 못하는 데서 기인합니다. 이러한 단점은 가옥을 준비하려는 사람들에게는 부정적인 요인으로 작용하게 되었습니다.

그래서 시작한 것이 실용한옥입니다. 실용한옥이라는 어원은

한옥의 좋은 점과 현대식 건축의 장점만을 접합해서 가장 좋은 단계로 격상시켜 건축하는 것을 말합니다. 실용적이라는 것 자체가 효과와 기능을 현대적으로 재현해 놓는 작업이지요. 뭔가 쉽게 접근하기 힘든 한옥의 단점을 보안하여 간격을 좁혀나가면 국민들이 한옥을 널리 사용할 수 있을 것이라는 생각에서 출발을 하게 된 것입니다.

저는 한옥의 단점부터 찾아가는 여행을 시작했습니다. 부정적으로 바라보니 기존의 한옥은 전혀 다른 각도에서 부족한 점이 많이 눈에 띄었습니다.

과거 사람들에게는 전혀 문제가 되지 않았을 것입니다. 충분히 당시의 시대상을 반영한 건축이기 때문이지요.

세계인 모두가 칭찬하는 한옥이지만 현대인들에게는 무엇인가 부족한 건축물이었습니다. 왜냐하면 현대인들은 편리성과 속도

에 길들여져 있기 때문입니다.

우연히 한옥에 미쳐서 가던 길을 접고 새로운 길을 내딛는 나 자신도 많은 사람들처럼 현대병에 걸려 살아온 것입니다.

한옥은 현대화에 실패했던 것입니다.

이런 단점을 탈피하고자 조성되고 있는 것이 부엌가구를 현대식으로 들여놓고 외관은 한옥으로 치장하는 이중구조 건축 양식입니다.

딴에는 실내가 현대식으로 조성되어 있으니 사람들이 생각하는 한옥의 불편함을 해소한 것으로 보일지는 모르나 이것은 진정한 의미의 실용한옥이 아니며 한옥이라는 민족 문화 유산의 가치의 범주에 끼일 수 없는 형편없는 구조물입니다.

한마디 더한다면 그냥 눈 가리고 아웅하는 식이지요.

한옥은 그렇게 변변치 않게 변화를 거듭해가고 있었습니다.

그러나 현대의 편리성 때문에 전통 한옥의 가치가 상대적으로 축소되는 건축은 진정한 의미에서의 실용한옥도 아니고 한옥의 가치를 살리는 일이 아니리고 보았기에 다른 각도에서 깊이 있는 접근을 하게 되었던 것입니다.

나는 한옥의 가치를 현대와 접목하여 새로운 실용한옥을 만들어야 했습니다. 비중은 전통 한옥의 가치를 그대로 보존하고 상승시키는 방향으로 가옥을 짓기로 했습니다.

한옥은 내장재를 현대로 하고 외관은 전통 건축 기법을 해서는 한옥의 단점을 보완할 수가 없었습니다.

하나에 비중을 두면 하나가 불균형이 되고 다시 하나를 비중을 두면 다른 하나가 불균형이 되는 형국이 반복되는 연구 기간이 지나가고 있었습니다.

한옥은 실내 동선의 연결 고리가 불편한 점이 많았습니다. 그리고 낮게 내려앉는 단층 구조는 높은 층에 올라서서 살아가던 사람들에게는 너무나도 낮아서 실용한옥으로서의 경쟁력을 상실한다

기와지붕과 인간

는 사실을 알게 되었습니다. 그래서 고안을 한 것이 국내 최초 복층 구조 였습니다.

그리고 천장을 최대한 높여서 설계를 했고 안방과 거실, 거실에서 다시 안방, 욕실에서 거실, 주방에서 각 방까지의 동선을 현대적인 구도로 연결하는 연구를 한 것입니다.

지금 사진으로 보다시피 제가 구현한 한옥은 전통의 가치가 모두 그대로 녹아 있으면서 이동의 과정 속에서 편리성을 증대하는 방식을 택하여 실용한옥의 새로운 지평을 열어놓게 된 것입니다. 약간의 부분을 제외하고 사람들은 현대식의 구조가 한옥에 전체적으로 접목되는 것을 원하지 않는다는 것을 이번에 경험하게 되었습니다.

한옥이 편리성에서는 만족의 체감이 다소 부족하다는 것은 누구나 인정하는 사실입니다. 그러나 한옥은 아주 특수한 과학이 집대성되어 있습니다. 예를 들어 저희 마당은 잔디를 깔지 않았는데 모르시는 분들은 왜 잔디를 깔지 않았느냐고 이구동성으로 지적합니다.

다 좋은데 잔디를 깔지 않은 것은 부족하다는 것인데 이건 좋고 나쁜 것을 전혀 모르고 하시는 말씀입니다. 사람들이 한옥을 선택하는 것은 건강을 지키고자 하는 욕심이 작용하기 때문입니다.

남산 한옥마을

좀 더 정신적인 풍요를 갈망하고 누리고자 하는 사람들이지요. 그렇다면 잔디가 인체에 좋을까요 흙이 건강에 좋을까요. 당연히 흙이 인간의 건강에 좋은 영향을 미치고 있습니다. 흙에는 에너지가 존재합니다.

에너지의 파동이 인체에 다가서면 우리 몸은 그 즉시 반응을 보이게 됩니다. 아래 내용은 법정스님의 흙 예찬 글입니다.

흙 가까이

서산에 해 기울어 산그늘이 내릴 무렵,
훨훨 벗어부치고 맨발로 채소밭에 들어가
김 매는 일이 요즘 오두막의 해질녘 일과이다.
맨발로 밭흙을 밟는 그 감촉을 무엇에 비기랴.
흙을 가까이 하는 것은
살아 있는 우주의 기운을 받아들이는 일이다.

흙을 가까이 하라.
흙에서 생명의 싹이 움튼다.
흙을 가까이하라.
나약하고 관념적인 도시의 사막에서 벗어날 수 있다.
흙을 가까이해야
삶의 뿌리를 든든한 대지에 내릴 수 있다.

우리에게 대지는 영원한 모성,
흙에서 음식물을 길러 내고
그 위에다 집을 짓는다.
그 위를 직립 보행하면서 살다가
마침내는 그 흙에 누워 삭아지고 마는 것이
우리들 삶의 방식이다.

남산 한옥마을

흙은 우리들 생명의 젖줄일 뿐 아니라
우리에게 많은 것을 가르쳐 준다.
씨앗을 뿌리면 움이 트고
잎과 가지가 펼쳐져 거기 꽃과 열매가 맺힌다.
생명의 발아 현상을 통해
불가시적인 영역에도 눈을 뜨게 한다.

그렇기 때문에 흙을 가까이하면
흙의 덕을 배워 순박하고 겸허해지며,

믿고 기다릴 줄을 안다.
흙에는 거짓이 없고,
추월과 무질서도 없다.

시멘트와 철근과 아스팔트에서는
생명이 움틀 수 없다.
비가 내리는 자연의 소리마저
도시는 거부한다.
그러나 흙은 비를, 그 소리를 받아들인다.
흙에 내리는 빗소리를 듣고 있으면
인간의 마음은 고향에 돌아온 것처럼
정결해지고 평온해진다.

어디 그뿐인가.
구두와 양말을 벗어 버리고
일구어 놓은 밭 흙을 맨발로 감촉해 보라.
그리고 흙냄새를 맡아 보라.
그것은 순수한 생의 기쁨이 될 것이다.

**법정스님의 "살아있는 것은 다 행복하라" 중에서

이건 법정스님의 예찬이지만 흙에는 우리가 전혀 생각하지 못하는 양질의 기능을 가지고 있습니다. 잔디는 보기에는 좋으나 각종 병충이 득실거리고 관리도 힘이 듭니다. 기왕 건강을 생각해서 한옥을 선택해 사시려고 결심을 했다면 마당은 잔디를 깔지 않고 흙 자체로 놓아두는 것이 제일 좋다는 것을 알려드리는 바입니다. 그런데 대체적으로 전통 한옥에 잔디를 선호하고 깔아 놓습니다. 제가 잔디를 깔지 않은 이유가 여기에 있습니다. 흙은 생명의 원소입니다.

땅에 발을 딛고 서는 순간 하늘이 열리고 닫힌 마음이 기지개를 펴고 창공을 날아갑니다. 해방의 감성 대폭발이 흙을 밟고 섬으로서 얻어지는 생의 희열이요 환희입니다. 고대에는 흙을 어머니의 품으로 비유했습니다.

그만큼 흙은 우리의 정서와 함께 어우러지는 사색의 동지요 존재의 벗입니다. 인간은 자연의 모든 것을 떠나서 살아갈 수 없지만 특히 흙은 메마른 시대를 살아가는 현대인들에게 정신적인 풍요를 가져다 주는 향료와도 같습니다.

나무가 수놓아진 뜰

12

한옥 앞에만 서면 작아지는 나

천창을 올려서 동선을 마련해 보니 공간의 미학이 절로 살아나고 시선이 머무는 모든 것에서부터 자유가 느껴집니다. 한옥에서 느껴지는 답답한 생각은 꼬리를 감추고 마음속에서는 평온한 기운이 요동치는 것을 느낍니다.

외관과 내부가 그 자체로 하나의 조화를 이루면서 천년의 가치를 눈으로 쓸어 안는 만족감이 절로 듭니다. 그러나 생각해 봅니다. 5년 동안 무수한 실험과 시도에 의해 만들어진 작품이고 학계에서도 인정받은 작품이긴 하지만 아직 실용한옥의 가야할 길은 멀고도 험난합니다.

늦은 시각 찬바람이 달빛과 별빛을 어루만지다가 대청마루에 내려와 소곤거리는 소릴 듣게 됩니다. 그 표정은 장엄하고 그곳을 스치는 바람은 잠잠합니다. 인체와 하나 되듯이 자연과 하나 되어 위용을 자랑하는 한옥의 모습은 바라보는 내 자신을 작게 만듭니다.

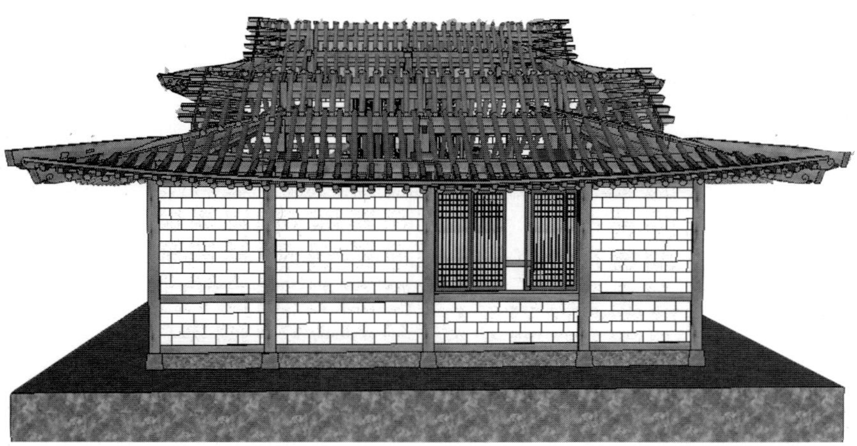

하늘과 맞닿은 경계선에서 실선을 만들어 곡예를 타듯이 능선을 만들어 내는데 그렇게 감미로운 조화를 만들어 낼 수가 없습니다.

한옥의 지붕은 낙화의 절벽처럼 각이 지지 않아서 모든 내려앉는 빛을 받아내는 받침대 구실을 합니다. 그곳을 지나가는 모든 것은 다시 살아나서 어깨동무를 하고 쉬었다 갑니다. 한옥은 그렇게 모든 생명과 하나가 되는 여유와 사색의 깊이를 간직하고 있습니다.

인간이 만든 건축이 이토록 자연과 함께 동화되고 입체적으로 승화되는 경우는 아마도 드문 일일 것입니다. 선각사는 천년 동안 숲속을 호령하며 살아왔다는데 그 자태보다 더 아름답습니다. 잠을 이루지 못하는 새 한 마리가 창공을 선회하다가 단청 위에 내려앉았습니다.

나는 발길을 돌리면서 생각에 잠깁니다. 내 사유는 번잡하지 않고 내 발길은 가볍게 보폭을 옮겨 놓습니다. 한옥은 바라보는 것만으로도 행복의 지평을 날게 하는 묘한 마력이 있습니다.

넘치지도 않고 거머쥘 만큼의 고요하고 정감어린 날개짓으로 상대의 가슴속을 관통해 들어옵니다. 바라보는 것이 휴식이고 바라보는 것이 운명이 되고 바라보는 것으로 인연이 되는 것이 한옥입니다.

그것은 내게 커다란 생명의 도약이고 막힌 길을 열어 숨통을 트이게 하는 되새김질입니다. 사람이 한순간의 티끌이라면 한옥은 천년을 사는 새입니다.

상상의 나래

13

완성은 없다

모든 일과 작품은 완성이 없습니다. 이쯤하면 되겠지 하고 손을 놓으면 이내 부족한 점이 발견되는 법입니다. 제가 만든 실용한옥도 역시 그와 같은 과정에 있습니다. 실용한옥은 역사의 시간과 함께 변천을 거듭할 것입니다.

실용한옥을 짓는 데 아주 중요한 것은 전통의 가치가 제대로 구현되는 방향으로 나가야 한다는 말입니다. 편리성만을 중시하다 보면 전통의 가치가 희석이 되고 전통만을 고집하다보면 현대의 편리성이 사라집니다. 문제는 적절하게 조화를 달성하는 것인데

이 문제가 그리 녹녹하지 않습니다.

최근 한옥 바람이 불면서 조성되기 시작하는 실용한옥은 깊이 있는 성찰과 실험정신이 없는 마구잡이식 구조라고 해도 무방할 만큼 허접하기 그지없습니다.

이는 인간의 건강을 지키고 행복하기 위한 새로운 주거 문화 선택의 기회가 충족되지 않는 또 다른 모습의 난개발이라고 말하지 않을 수가 없습니다.

저는 되도록이면 전통의 가치가 제대로 구현되면서 현대의 편리성이 제공되는 쪽으로 방향을 잡아 가고 있습니다.

실용성만을 추구하다 보니 아파트라는 문화가 만들어졌고 그

문화가 결코 인간의 행복 지수를 높이지 않고 있다는 점을 간과할 수는 없기 때문입니다.

편리하다는 것은 그에 해당하는 만큼의 손실이 따르게 되어 있습니다. 우리가 가옥을 선택하는 것은 그 속에서 행복을 보장 받기 위함입니다. 집을 지을 때는 먼저 행복을 제공할 수 있겠는가라는 주제에 머물러야 합니다. 그것은 모든 건축가가 지녀야 하는 책임의 몫이라고 저는 생각하고 있습니다. 인간이 자연과 하나이듯이 가옥은 인간의 삶과 하나입니다. 우리는 집에 들어가서 휴식을 누립니다. 도시의 삶이 덜 외로운 것은 들어가서 쉴 수 있는 공간이 있기 때문입니다.

그런데 만약 이러한 집이 건강에 유해하고 정서적인 안정을 제공하지 않는다면 단순한 주거 이상의 가치는 없다고 보아야 할 것입니다. 실용한옥은 건강, 정서적 안정, 친교, 유대 관계의 강화, 소통의 창구 역할, 편리성 등이 적절하게 조화를 이룬 새로운 주거 문화라고 생각합니다. 명품 주거는 숨을 쉬면서 살아갑니다.

오늘 제가 만든 한옥은 지금까지 아무도 만들지 않은 특수한 설계와 공력을 기울였지만 실지 입주해서 사는 분들의 만족도가 어떨지는 모릅니다.

중요한 것은 전통 문화 가치의 복원이며 보존의 생각 열기입니다. 이제 실용한옥의 새로운 시대가 개막되었습니다.

인간은 아파트가 설치는 지금의 문화보다 실용한옥으로 인해 더욱 더 행복한 삶의 여행이 시작될 것이며 그 중심에 제가 걸어가고 있다는 사실은 매우 흥분될 뿐 아니라 막중한 책임감도 동시에 느끼고 있습니다.

어느 시점에서 만족스러운 결과의 열매가 열리게 될지 모르겠으나 저의 실험과 노력을 멈추지 않고 창공을 향해 힘차게 날개를 퍼덕여 나갈 것입니다.

14

세계적인 디자이너들을 만나다

저는 **건축의 새로운 지평**을 열기 위해 세계적인 디자이너를 만나는 여행을 시작했습니다. 왜냐하면 앞서 말했듯이 건축은 사람의 행복을 증대하는 매우 중요한 역사라는 개념을 가지고 있었기 때문입니다. 인류에 공헌하는 건축은 반드시 인간에게 행복을 전달해 주는 수단이 됩니다. 그러자면 세계적인 디자인의 흐름과 명맥을 고증을 통해 살펴 볼 필요가 있었던 것입니다.

유럽의 건축가와 디자이너들. 나는 평소 그들의 디자인 실력에 대해 매우 큰 존경과 흠모를 하고 있었습니다. 일찍이 그들은 자유적 사상이 발달했고 그러한 환경의 토대 위에서 세계적으로 인정받는 창의력이 빛을 발하게 되었을 것이라고 미루어 짐작을 했습니다.

지금은 디자인 전쟁시대라고 해도 과언이 아닙니다. 아무리 좋은 성능을 가진 제품도 디자인이 뒤떨어지면 소비자는 소 닭 보듯이 외면을 하고 맙니다.

각설하고 실지 그들은 세계의 디자인을 선도 했습니다. 시쳇말로 알고 보니 깡이었지만…….

나는 한국 사람으로서 전통 제품에 대한 남다른 자부심을 가지고 있었습니다. 우리가 누구인가. 수천 년 전통을 가진 민족이 아니던가! 사람마다 보는 시각이 차이가 있지만 우리 것은 좋은 것이라는 사상이 들불처럼 가슴속에서 타오르고 있었던 것입니다.

매우 유명한 디자이너를 만나면서 가장 한국적인 것이 세계적인 것이라는 말이 실감나는 순간이었습니다. 그들은 자신들의 선대가 만들어 놓은 유산을 가지고 세계적인 상품을 만들어 내었습니다. 그들의 실험과 세계인을 향한 도전 정신은 과거 유산의 각색으로부터 온 것입니다.

덧붙이고 빠지고 어울리는 조화로움 속에서 그들의 전통은 세계 속으로 진출하여 국위를 선양하고 개인의 명성도 얻을 수가 있었습니다.

그들의 디자인 세계는 인간존중 사상에 포커스가 맞추어져 있습니다. 설계와 구상에서부터 그들은 인간의 행복에 초점을 맞추어 디자인과 설계를 해 나갑니다. 건축에 있어 고대 문명의 세계적인 지배력은 바로 이러한 인간 중심사고에서 기인한다는 사실을 나는 알게 되었습니다. 오늘날 세계인들로부터 사랑을 받고 있는 명품은 모두 가 하나같이 전통 유산입니다.

새롭게 디자인된 듯하지만 수백 년 전의 디자인을 각색하고 변형했음을 알 수가 있었습니다.

나는 우리나라 전통 문화에 대한 가치에 눈을 떴습니다. 우리 것을 세계화시키는 작업, 이것이야말로 역사가 내게 던진 숙명의 과업이라는 생각을 하게 되었습니다. 나의 전통 문화 유산에 대한 자긍심은 더해졌고 우리나라 전통 공예제품을 세계적인 상품으로 육성하고 발굴하여 산업 혁명을 이루어야 한다는 결심을 하게 된 것입니다.

놀랍게도 그들은 우리나라 문양을 모방하고 있었습니다. 말이 되는 애기입니까, 세계적인 디자이너들이 한국의 제품을 모방하고 있다는 말이, 그러나 이 모든 것은 사실입니다. 그만큼 우리나라의 전통 공예품은 세계적인 수준입니다.

그 사람들은 세계인들로부터 디자이너로서 명성을 얻고 있지만 거의 다가 모방을 일삼는 얼간이들입니다.

소위 우등생도 아니면서 잘난 척은 세계적으로 떠벌인 것입니다. 땡중이 절간 주지가 되는 것과 다르지 않은 일입니다.

이런 상황임에도 불구하고 전통 공예의 수요층이 갈수록 줄어들기 때문에 경쟁력을 상실해 가고 있는 것은 크나큰 손실입니다. 공예인들이 자생력 확보가 되지 않으니 전통 공예 제품이 생활 속에서 점점 사라져 가고 있는 것입니다. 얼마나 안타까운 일인지 모릅니다.

세계적인 디자이너들이 우리 것에 열광하면서 그들의 창작 모델로 삼아가고 있는데 정작 우리나라 사람들은 그 가치를 활용하거나 사용할 줄 모른다는 사실은 두고두고 가슴 아픈 일로 다가오지 않을 수가 없었습니다.

유럽의 도심 속을 홀로 걸으면서 나는 스스로에게 다짐을 했습니다. 언젠가는 유럽 디자이너들이 창조의 에너지로 사용하고 있는 우리의 전통 공예 산업을 성화처럼 일으켜서 부국의 기초로 삼고 다시 유럽으로 돌아오겠노라고…….

사실 독일은 우리와 같이 분단의 아픔을 딛고 독일 통일의 위업을 달성한 나라입니다. 그러한 위업과 벗해 세계적인 디자이너를 배출한 나라라는 점이 더해지면서 아직까지 분단의 조국에서 살고 있는 나로서는 고개가 절로 숙여지지 않을 수가 없었습니다. 그러나 그토록 흠모하던 그들의 창의력이 수천 년 우리 조상님들이 만든 것을 그대로 모방한다고 생각하자 민족 문화 유산에 대한 자긍심이 소용돌이치고 여간 기분이 좋은 것이 아니었습니다.

김해 한옥체험관

언젠가는 한국 전통 공예품이 당신들 나라를 점령하고 세계적인 디자이너들의 스승은 다름 아닌 대한민국의 전통 공예라는 말을 스스로 고백할 수 있을 때 나는 세계적인 디자이너들을 다시 만날 것입니다.

15

전통 공예 제품 산업을 열어 가자

앞서 말했다시피 **세계적인 디자이너들**이 우리나라 공예품 디자인과 문양을 모방하여 상품으로 만든 다음 세계 시장에 내어놓으면서 많은 부를 창출하고 있습니다. 생각만 해도 기분 찢어지는 일입니다. 정말이지 앞으로 넘어졌다고 코가 깨진다 해도 한번 정도는 웃고 넘어갈 수 있을 만큼 기분이 삼삼해지는 일이 아닐 수가 없습니다.

그만큼 우리 것이 세계적인 경쟁력을 가지고 있다는 사실을 증명합니다. 이쯤 되면 전통 공예를 우습게 보는 국민들은 각성할 필요가 있습니다.

내가 실용한옥에 발을 들여놓게 된 것은 한옥을 보급하게 되면 자연스럽게 전통 공예품 산업이 발전하리라는 생각에서였습니다. 건강한 주택을 공급하고 전통을 복원한다는 사명감 외에 공예 산업을 확대해서 민족 문화 유산의 전성기 시대를 열어가야 한다는 목적을 가지고 있었던 것입니다.

수요창출은 자연스럽게 그 분야의 산업발전을 가져옵니다. 그런 점에서 한옥은 생산성의 가장 중요한 환경이 되고 시장이 됩니다.

한옥에서 사는 사람들과 살아가려고 하는 사람들에게 나는 전

통 공예품을 가구로 들여 놓기를 권장하고 싶습니다. 한옥과 전통 공예는 디자인과 문양 등에서 한옥과 어울리는 점이 많은데 그보다 전통 공예품을 사용해야 하는 이유는 매우 친환경적이기 때문입니다.

그 좋지 않다는 환경 호로몬이 없습니다. 연구보고서에 의하면 나전칠기는 유해한 전자파를 차단하는 효과가 있다고 합니다. 그야말로 꿩 먹고 알 먹고가 아닐 수 없습니다.

몸도 건강하고 정신적으로 여유 있는 삶을 살겠다고 한옥에 들어와서 살면서 현대식 가구를 선호한다면 분위기는 마른 하늘에 새똥 떨어지듯이 떨어질 뿐 아니라 건강에 좋지 않습니다.

선택은 소비자의 몫이겠으나 전통 공예를 사용하는 소비층이 늘어났으면 하는 바람을 가져 봅니다. 전통 문화는 그냥 지켜지는 것이 아닙니다. 관상으로 지켜지는 것은 더더욱 아닙니다. 끊임없이 생산되고 사용하는 과정 속에서 보존되고 발전하는 것입니다.

그러한 과정 속에서 세계적으로 경쟁력 있는 전통 공예품이 만들어질 수 있습니다. 관광과 전통 공예는 톱니바퀴 같다. 맨 처음 관광객들의 눈에 띠는 것은 전통 공예품입니다. 우리나라를 찾는 관광객 수요는 갈수록 증가할 것입니다.

그때를 대비하여 세계 관광객들이 열광하고 소장하고 싶은 전통 공예품을 연구하고 준비한다면 한국의 관광점수는 지금보다 더 많이 상승할 것이 분명합니다.

세계적인 디자이너들이 열광하고 창조의 도구로 사용하는 우리의 전통 공예, 우리는 언제까지 우리 것을 터부시하고 보존 육성하는 데 인색할 것인지 한번쯤 돌아보아야 할 것입니다. 나는 해외까지 우리의 전통 한옥을 내다 팔려고 하고 있습니다. 한옥이 가지고 있는 경쟁력이라면 주택 수출은 전혀 엉뚱한 발상이 아닙니다. 자동차를 팔아 외화를 벌어들이는 액수보다 한옥을 팔아 벌어들이는 외화가 더 많은 날이 얼마 남지 않았습니다. 그때 전통 공예품은 자연스럽게 가옥과 함께 수출이 될 것입니다. 이것이야말로 산업 혁명입니다. 이전 것을 버리고 새로운 것을 찾는 것만이 산업 혁명이 아닙니다. 이미 우리가 가지고 있는 것들을 각색하고 다듬어서 육성하여 세계시장에 내다 파는 것도 산업 혁명인 것입니다. 나는 전통 공예품의 시장이 확대되고 각국으로 수출되는 날이 얼마 남지 않았다고 내다보고 있습니다.

16

한옥은 가족을 모이게 한다

한옥은 **가족해체의 시대에 가족을 모이게 하는 구조**를 가지고 있습니다. 아파트는 가족간의 유대관계를 강화하지 않고 서로 벽을 만들도록 하는 구조를 지닙니다.

실지 한옥에서 살아가는 사람들은 얼굴 표정에서부터 여유가 흐릅니다. 그 여유는 바로 한옥이 제공하는 정신적인 풍요을 증명합니다. 한옥은 그 자체가 정이요 사랑이요 소통이기 때문입니다.

가족이 한데 모여 살아가지만 서로 개성을 내세우고 단란하지 못한 것은 이미 아파트 구조물 자체가 메말라 있기 때문입니다.

김동수 고택

문을 잠가 버리면 가족은 가족이 아니라 다른 세상에 갇혀 버리고 맙니다.

유해한 환경 호르몬의 발산은 인간의 정신세계와 건강을 해칩니다. 그 속에서 얻어지는 것은 정서의 고갈입니다. 자연과 상반된 아파트 구조물은 그 형상이 갖는 특성에서부터 이질감을 안겨 줍니다.

한옥은 인간이 땅의 기운을 받고 살아가도록 배려하고 인간은 땅을 떠나서 행복한 삶을 살 수 없습니다. 한옥은 땅에 기초하는 건축입니다. 땅과 더불어 자연과 더불어 자릴 지키면서 인간의 모든 삶에 좋은 기운을 전달해 줍니다.

하늘과 땅의 경계선에서 마주치는 한옥의 지붕을 바라보면 한옥의 능선과 수직의 조화가 얼마나 완벽한지를 알 수 있습니다. 자연과 반대되지 않고 자연과 하나되어 그렇게 수천 년 이 땅 위에서 수명을 지켜 왔습니다.

이것이 한옥의 백미입니다. 한옥은 포용의 건축물입니다. 수백 년을 바라만 보아도 질리지 않는 조형의 완숙함을 보여줍니다. 미적 감각의 극치를 보여주는 한옥은 하늘 길을 닫지 않고 열어 줍니다.

머물지 않는 공기가 없고 방문하지 않는 바람이 없습니다. 모든 자연생태계의 생명이 가고 오는 과정에서 입을 맞추고 어우러집니다. 남원에 있는 한옥, 남산골에 있는 한옥, 기타 전국 어디에나 분포되어 있는 한옥이 국내인과 세계인이 찾는 관광 명소가 된 것은 보는 것만으로도 삶의 기운이 충일되는 효과가 있기 때문입니다.

그렇습니다. 한옥은 바라보는 것으로도 풍요롭고 넉넉한 생명체입니다. 사람들은 한옥을 보면서 행복해하고 있습니다. 즐겁고 신비해 하고 있습니다. 왜 그들은 그곳을 찾고 머무는가! 그것은 한옥이 가지고 있는 묘한 매력 때문입니다.

인간존중 사상을 소중히 여기고 자연과의 일치를 추구했던 매우 과학적이고 수려한 디자인의 앞선 구조의 지혜를 귀히 여기기 때문이고 그곳에서 살면 행복할 것이라는 느낌을 가슴속으로 전달해 주기 때문입니다.

한옥은 이토록 자랑스러운 우리 민족의 문화유산이며 지키고 발전시켜 나가야 할 보배입니다. 행복은 시각적인 만족에서부터 발생합니다. 한옥은 바라보는 것에서부터 행복을 전달합니다. 그런데 그곳에 들어가 산다면 행복이 증대되는 것은 명백한 일입니다. 한옥은 자연입니다. 자연의 일부이고 전부이기도 합니다. 생명창조의 대잔치입니다.

들어오는 것은 반기고 나가는 것은 느낌을 줍니다. 거주하는 모든 사람에게 한옥은 공평한 평화를 제공합니다.

아파트의 디자인 생명은 몇 년을 못 갑니다. 그 수명 또한 길지 않습니다. 몇십 년만 흘러도 보수공사를 해야 하고 리모델링을 한다고 번잡을 떨어야 합니다.

이와 달리 한옥은 수백 년을 살아갑니다. 후손 대대로 물려받아도 그 느낌 그대로가 됩니다. 아파트는 땅이 없습니다. 주인이라고 하지만 땅을 내주는 아파트는 없습니다. 풀 한 포기 심을 수도 없습니다. 그 바닥은 콘크리트이고 그 안은 유해한 환경호르몬이 넘쳐납니다.

그럼에도 우리는 아파트에 목숨을 걸고 있습니다. 그것은 재산 증식의 가치가 있기 때문입니다. 수요가 창출하면 그 대상은 투자의 가치로 전환이 됩니다. 아파트가 그렇습니다. 건강을 잃어버리면서 그 안에 갇혀 아파트 가격만 오르기를 기대하고 있습니다.

건강보다 소중한 게 물질이 아님에도 말입니다. 그렇게 몸과 정신건강을 잃어버리고 나서 아파트 가격이 올라 돈을 좀더 벌어서 무엇하겠는가! 참으로 어리석은 선택이 아닐 수가 없습니다.

그런데 이제 한옥이 투자의 대상이 되는 날이 얼마 남지 않았습니다. 수요가 점차 늘어나고 있기 때문입니다. 사람들은 아파트보다 한옥이 비싸다고 이구동성으로 말합니다. 땅 1평도 주지 않는

김해 한옥체험관

아파트는 수십 억을 호가하는데도 비싸다고 말하지 않습니다. 그런 반면 수백평 땅을 내주고 수백 년 가는 한옥은 비싸다고 혀를 내두릅니다. 저 학년 학생들도 이런 계산이 잘못되었다는 것을 알 것입니다. 낫 놓고 기역자도 모르는 사람이 아닌 다음에야 어떻게 그런 계산이 나올 수가 있겠는가! 가옥의 가치는 행복에 맞추어져 있어야 합니다. 한옥과 아파트의 행복기대치는 비교할 수 없을 만큼 큽니다. 한옥이 단연 앞선다는 얘기입니다. 이래도 한옥이 비싸다는 생각을 한다면 일자무식의 대부라고 칭해도 무방합니다.

시멘트 콘크리트 안에 갇혀서 이제나 저제나 가격이 오를까 노심초사하고 언제까지 주판만 두드리고 앉아 있을 것인가! 사람이 가지고 못 가지는 것은 행복의 기준이 아닙니다. 가진 것이 많아도 정신적으로 넉넉하지 않다면 그것은 가진것이 다소 부족해도 정신적으로 넉넉함만 못한 것입니다.

실용한옥을 짓는 사람으로서 당연히 한옥을 칭찬하지 않을 수 없는 일이지만 이것은 내 개인의 주관적인 생각이 아니라 객관적인 평입니다.

한옥을 보러 관광객이 넘쳐나고 있다고 했는데 아파트 보러 가는 관광객이 한 사람이라도 있다면 데리고 와 보십시오. 그런 사람 있다면 한옥을 공짜로 지어 주겠습니다.

내가 한옥을 사랑하는 건 한옥이 인간의 행복과 밀접한 관계가 있다는 신념 때문입니다.

17

하나님을 알고부터

여기서 잠시 나는 **나의 신앙생활을 말하지 않을 수가 없습니다**. 나는 기독교인입니다. 내 변화된 삶의 기초는 하나님을 믿는 데서부터 출발합니다.

나는 아주 옹골스러운 고집쟁이 건축가였습니다. 젊은 시절부터 세계적인 건축물을 만들겠다는 포부를 가지고 있던 나는 일찍이 세계여행을 하면서 디자인의 견문을 넓혀 나갔습니다.

다른 것과의 비교는 구상과 창작의 첫 관문이 되어 주기 때문입니다. 유럽의 건축은 자연과의 조화를 이루었습니다. 내구성이나 실내의 편리성은 차제하더라도 그들은 자연을 훼손하지도 않았고 자연을 떠나 건축을 하지 않았습니다. 나는 커다란 충격을 받지 않을 수 없었습니다.

세계 여러 나라들을 다니면서 내가 얻은 것은 한창 개발 붐이 일던 아파트의 문제점이었습니다. 나는 머지않아 아파트가 우리나라의 정신문명을 해치는 동기가 될 것이라는 예견을 하게 되었습니다. 그 흉물스러운 건축물이 도처 산하에 자릴 잡고 살아간다고 생각하니 아찔한 생각이 들었습니다. 결국 그 예견은 오늘날에 와서 맞아 떨어졌습니다.

오늘날 풍요 속의 빈곤이라는 정신문명의 황폐화는 아파트 문화와 결코 무관하지 않습니다. 잘 살아보겠다는 신념으로 얻어낸 오늘의 풍요가 인간을 정신적인 빈곤의 시대로 가두어 버렸습니다. 디자인이 생명이고 경쟁력이라는 말은 세계의 많은 사업가들이 주장하는 말이지만 나 또한 주거 문화에 디자인을 접목해야 한다는 사명감을 가지게 되었습니다. 소위 패션하우스를 국내 최초로 시작하게 된 동기가 되어 주었던 것입니다. 각선 구조물에서 나선형과 유연한 곡선을 중시하는 패션하우스는 짓자마자 최고가로 날개 돋친 듯이 팔려 나갔습니다. 물론 그 당시에는 있는 사람들의 잔치가 되어야 했습니다.

나는 인간의 행복과 직결되는 건축을 지어서 일반 대중에게 공급을 하겠다는 생각을 가지고 있었으나 많은 물질의 축복을 받자 교만에 빠지면서 있는 자들의 집을 지어 공급하는 자본 논리에 취한 일개 건축가로 전락해 가고 있었습니다.

모두가 행복한 건축물을 만들어 인류에 공헌하겠다고 선언해 왔던 신념은 차츰차츰 사라져갔습니다.

가진 자들은 내가 무슨 작품을 만들었는지 궁금해 했고 멋있는 집을 지어 달라고 돈을 싸들고 따라 다니는 사람이 줄을 이을 정도였습니다. 그러나 나의 영광은 그리 오래가지 않았습니다.

그러던 어느 날 내면으로부터 외침이 있었다. 그것은 물질의 구속으로부터 벗어나 영성의 삶을 살아가라는 하나님의 말씀이었습니다.

그리고 진정 인간의 건강과 행복에 기여하는 건축을 지으라는 내면의 깨우침이 있었습니다. 나는 그분의 명령을 거역할 수 없었습니다. 그것은 애초부터 내가 꿈꾸던 일이었고 사명으로 알던 기획이었습니다.

나는 인간의 행복과 직결되는 건축이 과연 무엇인가 고민했습니다. 한동안 그 답을 찾기 위해 고민하던 내게 한옥의 대중화라는 깨우침이었습니다. 나는 지체하지 않고 그동안 해오던 건설 회사를 문닫고 지금의 남양주시에 정착하게 되었습니다. 지난 5년 동안 한옥을 지으면서 기도하는 일을 멈추지 않고 있으며 요즘은 새벽기도를 나가면서 영성의 풍요를 누리며 살고 있습니다. 나는 이제 물질의 풍요를 좇지 않습니다. 스스로 결단하지도 않으며 언제나 하나님의 지혜를 구하고 그 뜻을 살피는 데 노력하고 있습니다.

나의 삶은 물질의 풍요보다 행복해져 있습니다. 그것은 하나님이 나와 함께 하신다는 확신을 가지고 있기 때문입니다. 여기서 하나님을 잠깐 소개해 본다면 우리가 생각하는 모든 것과 앞으로 전개될 모든 것의 조화와 평강을 위해 애를 쓰시는 따스한 분이라는 것입니다.

새벽마다 바치는 나의 기도는 제단에 올려질 때마다 응답을 받고 있습니다.

나는 나의 삶의 변화에 깊숙이 관여하신 하나님께 첫 작품을 안겨 드렸습니다. 한옥을 짓고자 하는 것은 나의 꿈이면서 하나님의 설계이심을 나는 오늘도 느끼며 살아가고 있습니다.

18

5년간의 여행

한옥 한 채를 짓기 위해 5년의 시간을 보냈습니다. 이곳에서 살아가는 모든 생명들과 이웃사촌으로 동화되어 살아갈 만큼 긴 시간입니다. 그 짧지 않은 시간의 여행 속에서 나는 무척이나 행복했습니다.

내가 하고 싶은 일을 했다는 것과 그동안 정신적인 빈곤을 살아가게 하는 아파트 문화를 생명과 행복이 넘치는 한옥으로 대체하여 대중화에 기여할 수 있는 기회를 마련해 놓았다는 자부심 때문이었습니다.

한옥 한 채를 짓기 위해 어떻게 5년이라는 시간을 쏟아 부었느냐고 궁금해 하실 수 있을 것입니다. 도대체 어떻게 지었길래…… 보통 한옥을 짓는 데 소요되는 시간은 그리 길지 않습니다. 한옥은 끼워 맞추는 조립형 가옥입니다.

뼈대를 세우고 잘라서 암수를 만들어 서로 물리게 하는 것이 한옥 건축의 기본입니다. 요즘 조립식 건축물이 유행하고 있는데 우리 선조들은 이러한 조립형 가옥을 수백 년 전부터 시작했습니다.

그런데도 시멘트 구조물인 아파트보다 튼튼하고 오래 갑니다. 긴 시간이 소요된 것은 가장 이상적이고 아름다운 한옥을 짓기 위해 바쳐진 실험의 시간이 길었던 것입니다. 실패와 도전과 무수한 실험을 통해 오늘의 한옥이 만들어졌습니다.

토지를 확보해서 모두가 하는 방식대로 기본 설계를 했다면 5년이라는 시간이 필요하지 않았을 것입니다. 나는 가장 아름답고 가장 가치가 있으며 가장 편리한 한옥을 짓기 위해 고심했습니다. 그 열정과 노력의 소산물이 남양주시 화도읍 묵현리 산162번지에 우뚝 솟아 있는 한옥입니다.

내가 만든 한옥은 학계에서도 비상한 관심을 가지고 있습니다. 사람이 만든 구조물은 정성을 쏟은 만큼 가치를 뽐냅다.

오랜 시간 진통이 있었다. 그 덕에 한옥에 문외한이던 내가 만

든 한옥은 세상 사람들로부터 호평을 받고 있습니다.

나는 그동안 바쳐진 시간에 대한 보상으로 기쁨을 얻었습니다. 이제 실용한옥의 시대는 희망찬 지평을 힘차게 열어갈 것입니다. 아직까지 내가 미처 발견하지 못하거나 미진한 구석은 앞으로 남겨진 시간과 함께 다듬어지고 개선되어 갈 것입니다. 학문에 왕도가 없고 끝이 없는 것같이 한옥에도 완성은 없습니다.

그것은 역사의 시간과 함께 변화를 거듭해 갈 것입니다. 중요한 것은 인간의 행복에 초점이 맞추어져야 한다는 건축가의 양심과 도덕심입니다. 오늘 나의 실험이 한옥의 현대화에 기여하고 내 작품을 선택한 사람들이 행복할 수 있다면 나의 노력은 멈추지 않고 계속해서 시간여행을 하게 될 것입니다.

19

한옥은 생명이다

나는 **한옥을 생명이라고 말하기**를 주저하지 않습니다. 모성이 생명을 잉태하고 품는 것같이 한옥은 그 안에 거주하는 사람들을 품습니다. 나눔의 미학을 제공하고 정신적인 풍요의 길목으로 내려놓습니다.

한옥과 함께 걸어가는 시간여행은 여유롭습니다. 한옥에서 살아가는 사람들은 왜 지금까지 아파트에서 목매어 살아왔는지 후회가 된다고 합니다. 선택을 해서 후회를 하는 사람은 거의 없습니다.

그것은 한옥이 인간의 삶을 포용하기 때문입니다. 너와 내가 따

남산 한옥마을

로 구분되지 않습니다. 한옥은 식구이고 가족처럼 더불어 살아갑니다. 물결치지 않고 조용하게 평상심을 유지하도록 안정을 시켜주는 역할을 합니다.

한옥은 고함치게 하지 않습니다. 모든 것이 정겹게 동화되도록 길을 열어줍니다. 한옥은 가르침이고 인간존재의 깨달음입니다. 한옥에서 살아가는 사람들은 소리지르지 않습니다. 울려 퍼지는 것은 집을 지키는 강아지 울음소리뿐입니다.

감정 억제의 능력을 가지고 있다는 사실을 증명하는 대목입니다. 상호 존재를 인정하고 방임를 억제시키게 합니다. 말하고 숨쉬는 모든 행위가 자유롭습니다.

억눌리고 가두어진 심성은 살아나서 마당을 거닐고 하늘과 호흡하게 합니다. 비밀스럽지 않고 벽을 만들지 않습니다. 모든 것의 경계선은 무너지고 유연하게 흐르게 합니다.

바람도 안으로 들어와 함께 호흡을 합니다. 조석으로 왕래하는 햇볕은 구수합니다. 발을 내딛는 소리는 정겹고 오가는 길목마다 생명의 기운이 넘쳐납니다. 집에 들어와 산다고 느끼게 하기보다는 자연 속에 어우러져 살아간다는 생각을 안겨 줍니다. 그것은 자유의 해방문구입니다.

자유를 향한 원초적인 호소입니다. 생명이 내 안에 있고 생명이

나를 품습니다. 천지가 아름답게 하나되어 집결하게 합니다. 한옥이 뿜어내는 향기는 목젖을 파고 듭니다.

가슴을 흔들고 머리를 맑게 하며 우주의 이치를 깨닫도록 가르칩니다. 자연의 모든 나그네가 여기서 몸을 누이고 휴식을 취합니다.

들풀은 비행을 하며 노닐고 햇볕은 마당과 밀애를 즐깁니다. 달빛은 처마를 애무하고 별빛은 지붕 위를 노저어 다닙니다. 아침에 찾아오는 새는 나뭇가지와 사랑을 나누고 벌레들은 땅속을 유영합니다. 매일 이러한 잔치가 벌어집니다.

그럼에도 고요하고 질리지 않는 성스러움이 있습니다. 나는 그곳에서 매일 싱그럽습니다. 한옥은 자연입니다. 그것은 사유의 대가이며 사상의 줄기입니다.

어찌 한옥을 생명이라고 말하는 데 주저하겠습니까! 어제도 오늘도 한옥은 변화하지 않습니다. 그 모습 그대로 아침을 맞이하게 하고 하루를 마무리하게 합니다. 한옥은 정물이 아닙니다.

그것은 대화이고 소통입니다. 자연과 이토록 조화를 이루는 건축은 없습니다. 동양사상의 대가들은 모두 한옥에서 태어나고 자랐습니다. 그러므로 정신문명의 부활을 위해서도 한옥은 우리가 돌아가야 할 인생의 종점입니다.

20

GSK 건설 김 성귀 회장

내가 **GSK건설 김성귀 회장**을 만난 것은 아주 오래 전 일입니다. 그는 예전 신구건설의 창업주입니다. 그분과 난 패션 디자인 1세대입니다. 나는 그분을 평소에 존경해 왔습니다. 남자로서 그토록 짝사랑을 해 온 사람은 일찍이 없었습니다.

내가 그분을 존경하고 흠모해 왔던 것은 그분의 건설을 향한 열정도 뛰어난 머리도 아니었습니다. 나는 그분의 인품을 존경했습니다. 명석한 두뇌와 시대를 뛰어넘는 예지는 그를 가까이 대하는 사람들로 하여금 경탄을 금치 못하게 합니다.

그는 누구보다 앞선 건설의 달인이며 신화적인 인물임에 틀림이 없습니다. 그런 그에게서는 언제나 인간적인 향기가 넘쳐났습니다. 교만은 찾아보지 못했습니다. 그는 사회봉사 활동을 많이 해 왔습니다. 어려운 이웃을 돕는 일에는 누구보다 앞장서 왔습니다.

보통의 건설사 회장들이 지하 룸살롱을 전전할 때 그분은 사무실 불을 밝히며 일에 열중했습니다.

그는 같은 분야인 건설의 길을 가는 사람으로서 가장 모범적인 생활을 보여 주셨습니다. 그런데 나는 그의 넘쳐나는 카리스마에 감히 가까이 다가갈 수 없었습니다. 꿈과 열정의 드라마를 간직한 김성귀 회장은 언제나 내게는 가깝고도 먼 사람이었습니다.

그분은 완벽주의자입니다. 실수를 허용하는 것은 건설에 있어서 타인의 생명을 앗아가는 행위와 같다는 것이 그의 지론입니다. 시간은 그를 쫓고 그는 시간을 버리지 않습니다. 헛된 꿈은 가까이 하지 않으며 아직도 청년처럼 꿈을 꾸는 사람입니다.

그분의 머릿속은 언제나 인류에 대한 공헌으로 가득 채워져 있었습니다. 건축을 통해서 인간에게 행복을 전달하려는 그의 집념이 내게는 귀감이 되었습니다.

언젠가는 그분과 같이 일을 한다는 소망을 가지고 있던 어느날 하나님께서는 우리 두 사람을 극적으로 만나도록 주선을 해주셨습니다. 나는 나의 작품을 보여주기 위해 김 성귀 회장에게 연락했습니다.

언제나 새로운 시도를 일삼고 있는 김 성귀 회장은 나의 작품을 보고 놀라움을 금치 못했습니다. '국내뿐 아니라 세계로 수출을 합시다, 그렇게 해서 대한민국의 위상을 세계 만방에 떨쳐 나갑시다.' 그 또한 나와 같은 생각을 하고 있었습니다.

우리는 그렇게 해서 손을 잡았습니다. GSK 건설 김성귀 회장의 시공능력이라면 나의 작품과 설계를 가장 완벽하게 구현할 것이라는 신념이 있었습니다. GSK건설이 시공사로 정해지고 함께 한옥을 세계화하는 데 앞장서자고 뜨겁게 손을 잡은 배경입니다.

우리는 그 즉시 아리랑 한옥이라는 브랜드를 만들었습니다. 우리 두 사람은 가장 한국적이고 친환경적인 한옥을 브랜드로 육성하여 세계시장을 두드릴 날만을 기다리며 함께 연구하고 있습니다.

이제 머지않아 우리가 만든 아리랑 한옥은 세계시장에 팔려 나가 한국의 전통 한옥의 가치를 대외 만방에 알리게 될 것입니다. 김 성귀 회장과 나는 한옥을 한류 상품으로 육성하려는 야심찬 계획을 세우고 있습니다.

나는 GSK 건설 김 성귀 회장과 그토록 소망하던 꿈을 일구어 가게 된 것을 매우 자랑스럽게 생각하고 있습니다. 이제 국민들은 한국에서만이 아닌 외국에 나가서도 한옥을 구경할 날이 얼마 남지 않았습니다. 만약 외국에 나가 한옥이 보이거든 바로 우리 두 사람이 내다 판 한옥이라는 것을 알고 가까이 다가가 어루만지는 애국자가 많아지게 되기를 빌어봅니다.

GSK건설 파이팅 김성귀 회장 파이팅!

21

세계로 수출하는 날을 꿈꾼다

나는 **한옥을 해외에 수출하려는 목적**을 가지고 있다고 했습니다. 세계 여러 나라에 좋은 집들이 많은데 수출을 할 만큼 경쟁력이 있는지 의문을 제기하는 분들도 다소 있으리라고 봅니다.

우선적으로 한옥이 수출 가능한 것은 앞서 말한 대로 조립식이라는 점입니다. 이것은 생산성에 대한 문제이고 그보다는 수출을 해서 외화를 벌어들일 수 있는 가치가 있느냐는 것입니다. 해외에 수출을 하려면 수용층이 있어야 되고 수용층을 만들려면 경쟁력이 있어야 합니다.

영광 연안김씨 종택 삼효문

일각에서 한옥을 해외에 짓는 경우는 있지만 총력을 기울여 수출을 하는 경우는 없습니다. 한 교포가 독일에다가 한옥을 지어 놓았는데 현지 언론에서 난리가 났습니다. 현지인들의 관심이 큰 것은 물론이고 집을 구경하러 오는 사람들로 인산인해를 이룬다고 합니다.

그 사람은 정말이지 뜻있는 일을 했습니다. 한 채의 집을 지어서 국위를 선양하고 우리 전통 문화 유산을 세계 만방에 알리는 역할을 한 것입니다. 그 대단한 실험은 찬사로 돌아왔습니다. 한옥은 그곳에서 영웅이 되어 버렸습니다. 외국인들이 그토록 열광하는 것은 한옥이 가장 한국적인 집이기 때문이기도 하지만 그와 동시에 한옥의 디자인이 특별하다는 점을 들 수가 있습니다. 한옥은 그만큼 강점이 많습니다.

나는 이렇게 외국인들이 한옥을 보고 열광하는 것을 보고 시장 개척의 가능성을 엿보게 됩니다. 세계 각지에 분포되어 있는 교포들이 사는 곳마다 한옥을 지어 마을을 조성한다면 교포들에게는 조국에 대한 애국심을 고취하고 향수를 달래는 것뿐 아니라 한옥을 널리 알리고 수출 기반을 조성하는 데 크게 기여하게 될 것입니다.

이건 게임이 되는 이야기입니다. 그들이 누구인데 한옥을 놓고

남산 한옥마을

열광을 하겠습니까! 나는 실용한옥 분야에서는 최고의 기술과 노하우를 습득했고 터득했습니다. 나는 국가와 국민의 관심 속에 한옥 수출의 위업을 달성하고 싶습니다.

자동차만 수출하라는 법은 없습니다. 한옥이 외화 벌이의 효자 상품이 될 수 있다는 견해는 결코 헛된 꿈이 아닙니다. 이루지 못하는 것은 없습니다.

이미 한옥은 수백 년 동안 세월을 거치면서 무수한 실험의 단계를 거친 완벽에 가까운 제품입니다. 세계 어느 나라 상품이 수백 년 동안 실험을 거친 것이 있겠는가! 오직 한옥뿐입니다. 이것은 전통 공예품을 기관 산업으로 육성할 수 있는 절호의 기회가 됩니다.

그것으로 인해 한국을 찾는 관광객 수요는 놀라울 만큼 늘어날 것입니다. 이로 인한 일자리 창출은 엄청날 것이라는 게 개인적인 생각입니다. 그렇게까지 되려면 넘어야 할 산이 적지 않다는 것쯤은 압니다.

그러나 꿈은 그것을 시도한 자의 몫입니다. 삼성이 만든 제품은 수명이 짧습니다. 현대가 만든 자동차 제품도 마찬가지입니다. 수출하는 모든 상품이 소멸됩니다. 제왕의 위치는 영원히 보장받지 못합니다.

그러나 한옥은 수백 년을 살아갑니다. 수백 년 동안 수출을 하는 나라에 터를 잡고 살아가면서 대한민국의 국위를 선전하며 그 우수한 위용을 뽐내게 될 것입니다. 한국을 알리는 데 이만한 효자 상품도 없습니다. 외국에 한옥 체험관 마을도 짓고, 한옥으로 된 공연장도 지어서 그들을 미치게 하는 것입니다. 몸짓 발짓 목소리 공연도 한류 상품이지만 한옥은 그에 못지않은 가치가 있습니다.

지금 우리나라를 지배하는 것은 전부 양옥입니다. 이제 우리가 세계를 향해 한옥을 수출하는 때가 되었습니다. 실지 외국에 주재하는 사람들에게 이러한 뜻을 전했더니 그러면 세계인 모두가 열광할 것이라는 의견을 내어 놓았습니다. 나는 정부에도 제안을 합니다.

이것은 나 혼자 할 수 있는 과업이 아니다 몇몇 사람이 모여 어떻게 이러한 위업을 달성할 수 있겠습니까! 정부도 한옥의 대중화에 보다 더 많은 행정적인 지원을 아끼지 않아야겠으나 이러한 시대적인 인식을 함께하여 한옥 수출의 길을 함께 열어가게 되기를 진심으로 기원하는 바입니다.

자원이 없는 우리나라는 수출의 다원화를 달성해야 합니다. 특히 한옥은 경쟁력이 무한합니다. 이명박 대통령도 임기 전까지 해외 수출외교를 하여 마지막까지 국가 경쟁력을 재고하는 데 안간

힘을 쏟아야 합니다.

지금이야말로 대통령의 세일외교가 필요한 때입니다. 나는 이명박 대통령께 중대한 결단을 내리기를 촉구합니다. 한옥 수출은 나라를 부강하게 하는 것뿐 아니라 세계적인 위상을 재고하고 엄청난 외화를 벌어들이는 일입니다.

개인의 이익에 안주하지 않고 대의와 나라를 위해 뜻을 세운 사람들이 보다 적극적인 협력을 통해 그 뜻을 이룰 수 있도록 성원과 지원이 답지하게 되기를 진심으로 여망하는 바입니다. 한류가 붐을 이루고 있는 시대에 한옥까지 수출한다면 한옥은 해외에 나가 수백 년 동안 한국의 친선대사로서 홍보 대사로서 역할을 톡톡히 해낼 것이 분명합니다. 나는 한류 스타들에게도 이러한 뜻있는 사업에 동참하거나 관심을 가졌으면 하는 마음 큽니다.

22

세계 전통 한옥 패션 쇼

나는 내년 가을에 워싱톤이나 뉴욕에서 **세계 최초로 전통 한옥 하우스 패션쇼**를 하려고 합니다. 지금까지 신제품 자동차 모터 쇼는 있었지만 한옥을 지어 놓고 발표회를 한다거나 쇼라는 이름을 내걸고 발표회를 한 전례가 없으니 무슨 생뚱맞은 소린가 할 것입니다.

지금 내가 기획한 것은 세계 최초의 일입니다. 그것은 한옥을 수출하려는 의지의 소산과 한옥을 널리 세계적으로 홍보해야겠다는 취지에서 기획된 것입니다.

남산 한옥마을

물론 지금은 구체적인 단계까지 와 있는 것은 아닙니다. 현지 주민이나 한인회를 통해 이번 기획은 급물살을 탈 것입니다. 한옥 패션쇼는 다양한 디자인의 실용한옥 10채 정도를 대관장소에 짓고 외국인을 관람토록 하면서 판매와 홍보를 겸하는 행사입니다.

물론 행사공연은 장기간 펼쳐질 것입니다. 이는 세계적인 뉴스거리입니다. 행사장에서는 전통 악기 연주회가 벌어지고 다양한 공연도 기획할 것입니다. 그야말로 세계를 주름잡는 경제 대국 미국의 한복판에서 벌어지는 일입니다. 세상은 시간과의 전쟁 속으로 접어들었습니다.

같은 일을 저비용 고효율로 가지 않으면 결과에 도달하기 전에 지쳐 버릴 수도 있다. 속도를 내지 않으면 위기에 포위되고 맙니다. 그래서 나는 광속 경영을 주장합니다. 광속 경영은 빛의 속도로 일을 하자는 주장입니다.

속도전에서 승리하지 않으면 잡아먹히고 맙니다. 속도는 마음만 먹으면 얼마든지 낼 수가 있습니다. 광속 경영은 충분히 가능합니다. 하지만 대다수의 사람들은 자기가 있던 자리에서 탈피하지 않거나 변화를 싫어하고 안주하려는 본능을 가지고 있습니다.

이래서는 세계 무한 경쟁의 바다에서 살아날 수가 없습니다. 내가 이번 행사를 기획하게 된 것은 가장 단기간 내에 가장 빠른 속도로 한옥을 세상 중심에 서게 하기 위해서입니다.

그래야만 세계인들은 한옥에 대해 더 큰 관심을 가지고 접근을 할 것이며 이는 소비층을 형성하는 단계로 발전되어 가리라고 봅니다.

우리나라 행정은 기획하고 검증하고 결제하면서 세월을 다 보냅니다. 이런 엄청난 사업을 정부나 행정 기관의 도움을 받지 않고 진행하려 하는 것은 바로 시간과의 싸움에서 승리하려 하기 때문입니다. 나는 나의 능력과 가치를 믿습니다. 이번 일로 해서 우리가 얻을 수 있는 것은 새로운 자원개발입니다. 지하 땅굴 속에 묻혀 있는 것만 자원이 아닙니다. 사람의 머리와 기획, 그리고 바라보기만 해도 가슴 설레이게 하는 전통 한옥은 그 어떤 것보다 가치가 있는 자원인 것입니다.

세계인들의 시선을 한순간에 주목시켜 한옥을 세상 중심에 서게 할 수 있는 방법 중에 이만한 전략이 없다고 생각합니다. 나는 그 자리에서 세계인들이 깜짝 놀랄 만한 디자인의 실용한옥을 선보일 것입니다.

그 무대는 역사상 가장 한국적인 공연이 될 것이며 가장 우수한 전통 문화의 잔치가 될 것입니다. 한옥의 건축으로서의 가치와 위대성에 눈을 뜨고 있는 사람들은 한옥이 외국에 나가서 얼마나 격찬을 받게 될지 잘 알고 있을 것입니다. 나의 기획은 첫 발걸음을 떼었습니다. 나는 이번 기획과 관련하여 현지 동포들의 적극적인 관심이 답지하게 되기를 간절히 여망하고 있습니다.

그리고 이번 기획에는 공연단 또한 필요하므로 관련 단체의 거시적인 관계 구축이 시급히 달성될 수 있기를 진심으로 바라고 있습니다. 물론 행정적인 지원이 따라준다면 더할 나위 없겠지만 중차대한 기획이 만연된 관료주의에 의해 그 빛이 수그러들고 기회가 늦어지는 실수를 범할 수 있다는 염려가 적지 않습니다.

민족이 번성하는 길은 전통의 가치를 현대화하고 이를 다시 세계시장에 내다 팔 수 있는 환경을 만들어 가야 합니다. 세상에서 승리하는 사람들의 공통점은 항상 남이 하지 않는 일을 했고 남이 걸아가지 않는 길을 걸어갔다는 것입니다.

이번 기획은 아무도 해 보지 않은 첫 번째 시도입니다. 이로 인해 우리가 얻을 것은 참으로 많을 것이 분명합니다. 나는 한옥이 뉴욕의 거리에서 많은 사람들에게 그 위용을 자랑하며 한옥 수출의 목표를 달성할 수 있는 가장 좋은 행사가 될 것으로 판단하고 있으며 디자인 연구에 박차를 가하고 있습니다.

한옥의 우수성을 세계에 알리고 싶은 명인 김이환 선생

23

인류의 유산으로 만들고 싶다

나는 **한옥을 인류의 빛나는 유산**으로 남기고 싶습니다. 세월이 지나가도 풍화되지 않는 가옥으로 남아서 대한민국을 뛰어 넘고 아시아를 뛰어 넘어 온 인류가 그 가치를 향유하고 보존하는 위대한 작품을 만들고 싶습니다.

현존하는 주택 중에 가장 인간적이고 가장 인간의 건강과 행복이 보장되는 작품을 만들고 싶습니다. 이미 한옥은 인류의 빛나는 유산인지도 모릅니다. 한옥은 어떠한 수식어를 동원한다 해도 그 가치를 포장할 수 없습니다.

남산 한옥마을

언어로 담지 못하는 숭고한 역사의 자취를 자랑합니다. 나는 지금까지 가던 길을 접고 한옥과 함께 다른 인생을 살아온 것을 절대 후회하지 않습니다. 한옥을 짓는 사람으로서 한옥 사랑은 당연하다 할 것입니다.

모든 길을 열어가는 자는 그 길을 사랑해야 합니다. 그래야 막힌 길도 열리게 되어 있습니다. 우리는 그동안 우리 것에 대한 가치를 눈여겨 보지 않은 누를 범하고 살아왔습니다. 그러기에 80년부터 몰아친 개발정책에 밀려 불과 얼마 전까지 한옥의 수난 시대가 지속되어 왔었습니다.

그야말로 한옥의 살생시대였습니다. 전통이 무너지면서 우리의 정신문명도 동시에 위기를 맞이했습니다. 우리가 전통의 가치를 보존하고 소중히 여기는 시각을 가졌다면 우리는 경제성장 못지않은 문화 강국이 되었을 것입니다.

새로운 것에 취해서 우리는 미래로 나아가는 길목에서 우리 것을 무참하게 짓밟고 왔습니다. 도처에 만세를 부르고 있는 아파트를 짓고자 우리 모두는 전통을 죽이는 문화의 살인자가 되어 왔던 것입니다.

이제 21세기는 전통 복원의 원년입니다. 잃어버린 것을 되찾고 넘어뜨린 것을 다시 일으켜 세우는 복원 역사의 타종이 전 국토에

울려퍼져야 합니다.

나라를 외세에 내주고 역사가 말살되는 불운을 겪은 우리는 어쩔 수 없이 외세에 의해 민족 문화 유산의 손실을 당했었습니다. 숙명적으로 벌어진 수탈의 역사 상처는 그렇다고 쳐도 이제 우리 손으로 직접 전통 문화의 생명력을 앗아가는 누를 범해서는 안 될 것입니다.

역사는 지난 역사의 에너지를 먹고 앞으로 진보합니다. 과거 없는 현재가 없듯이 전통이 없는 역사는 없습니다. 이번에 내가 이루고자 하는 것은 이러한 역사의 소명에 맞춘 전통 문화 복원입니다.

재주가 미천한 나는 오직 한옥의 전통 복원과 현대화 달성이라는 목표를 정해 놓고 달려가고 있으나 아직도 우리가 발굴하고 육성해야 될 문화유산은 얼마든지 많이 있습니다. 사회 전 분야에 걸쳐서 문화 복원 운동이 전개된다면 우리는 지금보다 정신적으로 풍요롭고 문화적으로 강한 나라를 건설해 갈 것이 분명합니다.

24

국가 자원으로 양성하자

저는 줄기차게 **한옥의 세계적인 경쟁력**에 대해 주장을 펴 왔습니다. 한옥은 그 자체로서 뛰어난 디자인과 건축 기술을 세계 속에 각인시킬 수 있는 자원이기 때문입니다.

부존자원이 없는 우리로서는 정신 문명 속에서 꽃을 피운 자원을 국가 자원으로 양성하고 육성해야 할 필요가 있습니다. 수천 년 동안 그 명맥을 유지하면서 발전되어 온 한옥은 단연 한국의 대표적인 국가 자원이 될 가능성이 무궁무진합니다.

가장 한국적인 가치와 정서를 담고 있을 뿐 아니라 세계인들이

나의 꿈 나의 희망, 한옥에서 살리라!

창조의 도구로 모방하는 수단이기도 합니다. 사람만이 인재가 아니며 사람만이 세상을 바꾸는 힘이 아닙니다.

바로 우리의 겨레 속에서 함께 살아온 문화유산이 우리나라를 세계 속에 알리는 인재가 될 수 있습니다. 이미 세계인이 한옥을 바라보고 열광하고 있습니다.

한옥을 대하는 그들의 열광은 어제 오늘의 일이 아닙니다. 외국에는 소위 한옥에 대해 많은 팬들이 확보되어 있는데 우리는 이것을 자원으로 육성하는 일에 인색하고 관심조차 기울이지 않고 있습니다.

우리가 펼쳐 가고 있는 한류의 정책과 문화 육성 정책이 얼마나 진부하며 비생산적인지를 알게 하는 대목입니다.

국가가 힘을 합쳐 한류상품 다양화에 나선다면 한류의 생명력은 오래가고 더욱 빛나는 모습으로 세계인들을 열광시킬 수 있을 것입니다.

아이돌의 공연만이 한류가 아닙니다. 진정한 한류는 문화와 전통의 가치가 배어 있어야 합니다. 한옥은 수천 년 동안 민족과 함께 살아왔습니다.

그리고 그 숨결은 지금 세계를 향해 나가기를 희망하고 있습니다. 후손들의 어리석음으로 인해 역사의 무덤 속으로 안치될 뻔했던 한옥이었습니다.

이제는 역사의 무덤 속에 안치했던 한옥을 개인뿐 아니라 국가가 살려 내어 세계시장에 내놓으려는 노력을 해야 합니다.

다행스럽게도 아직은 전통의 기술이 살아 있습니다. 나는 이 사실을 천만 다행스럽게 생각합니다. 만약 전통 가옥을 짓는 사람들이 가업을 물려받지 못했거나 그러한 기술을 전수받지 못했다면 국가적으로 커다란 손실이었을 것입니다. 저의 꿈은 민족 문화 유산인 한옥을 세계를 열광시키는 한류 상품으로 육성하는 것입니다.

그 꿈을 정부와 단체와 국민과 나누어 갖고 싶습니다. 삼성이 기술로서 세계를 알리고 있으나 그 자원 또한 생명력이 짧습니다. 한옥은 세계적인 발명품입니다. 단순히 대한민국의 전통 가옥이 아니라 세계의 유산입니다.

한옥을 하나 내다 팔면 자동차를 50대 파는 것보다 더 많은 외화를 벌어들일 수 있습니다. 자동차는 개인을 열광시키지만 한옥은 그 나라의 국민 전체를 열광시키고 오래도록 함께 하면서 대한민국의 기상을 만방에 알립니다.

그런데 어찌 한옥을 자원으로 육성하고 조력하는 일에 무관심할 수 있겠습니까? 아파트에만 눈독을 들이고 있을 상황이 아닙니다. 아파트 짓는 일에만 혈안이 되어 있을 상황이 아닙니다. 주택공사에 제안을 합니다.

저는 실용한옥에서는 세계적인 기술을 습득했습니다. 저는 이 기술을 대한민국 정부와 함께 손을 잡고 한옥 수출의 위업을 달성하기를 원합니다. 저는 기술은 있지만 자본은 부족합니다. 정부가 저의 가치와 노력과 실험정신에 관심을 기울여서 공동으로 협력하여 이러한 위업을 달성할 수 있게 되기를 진심으로 빌어마지 않습니다.

기회는 지금입니다. 우리가 생각하는 기회는 실천을 요구하고 있습니다. 시간을 버리는 것은 역사의 생명을 버리는 꼴입니다. 이 글이 정부기관의 책임 있는 분에게 반드시 전달되기를 여망합니다.

25

위대한 유산을 버리는 민족

저는 지금까지의 **개발정책 주역들을 역사의 범죄자**라고 말하고 있습니다. 왜냐하면 그들은 전통의 가치와 문화를 말살하는 데 주저하지 않았기 때문입니다. 개발 위주의 행정은 우리가 지키고 보존해야 할 가치들을 너무나 많이 훼손하고 없애왔습니다.

남산 한옥마을

현대와 과거의 조화가 단절된 오늘날의 주거 문화는 대한민국을 출신 없는 사생아의 주택문화 소국으로 만들어 놓고야 말았습니다. 전통이 없는 주택의 과생산은 우리 국민들에게 전통의 가치를 경시하는 풍토까지 만연시켜 놓았습니다.

한국의 진정한 얼굴은 사라져갔습니다.

한옥은 한국의 얼굴이었습니다. 숨결이었습니다. 비단 한옥뿐이 아닙니다. 전통 공예는 비예술이 되어 버렸습니다. 명맥이 끊어진 것이 너무나도 많이 있습니다. 과거 역사의 유산을 버렸다는 것은 과거 역사의 지혜를 버린 것과 같습니다.

크게는 조상을 버린 것과 같습니다. 이러다가 우리 민족은 한순간 전통이 없는 역사의 미아로 전락할 수도 있습니다. 국적은 있고 역사의 시간은 있으나 전통이 없는 비문명국이 되어 버릴 수도 있습니다.

더 나아가 문화는 보존하는 것만으로 그 가치가 살아나지 않습니다. 박물관 안에서 박제 처리된 문화유산을 밖으로 끄집어내어 세계 속으로 나가도록 해야 합니다. 그중에 가장 가치 있는 것이 바로 한옥이며 전통 공예입니다.

이 둘은 지금 세계인들을 열광시키고 있습니다. 어느 외국인은 한옥에서 사는 것을 평생 꿈이라고 합니다. 그럼에도 그동안 우리는 한옥을 불도저로 밀어내 왔습니다.

부국으로 가는 자원을 단숨에 그 생명줄을 끊어 버리는 데 주저하지 않았습니다.

그리스의 문화유산이 세계를 돌면서 외화를 벌어들이고 있습니다. 우리의 유산도 소위 움직이는 세계 순방 박물관을 만들어 전시하면서 외화를 벌어들이는 일에 나서야 합니다. 그렇게 되면 외화뿐 아니라 세계적으로 관광객을 불러들일 수 있는 기가 막힌 홍보 수단이 될 것입니다.

덧붙여 한옥은 사는 데 결코 불편하지 않으며 재산증식의 가치가 없는 것이 아닙니다. 한옥이 사는 데 불편하다는 말은 예전 이야기이며 편견에 불과합니다.

한옥에는 아파트가 갖고 있지 않은 것이 너무나도 많이 있습니다. 아파트는 살면서 얻는 것보다 잃어버리는 것이 더 많습니다. 그러나 한옥은 사는 즉시 얻어지는 것이 있습니다.

그것은 건강이고 삶의 여유이며 행복이며 두터워지는 가족애입니다. 이제 더 이상 한옥을 외면하고 버리는 정책을 펼쳐서는 안 될 것입니다. 정부가 보조하는 안이한 지원 대책으로는 한옥을 세계적인 상품으로 육성할 수 없습니다. 이제 유산은 단순한 유산이 아니라 그 너머 미래의 자원입니다. 우리가 전통문화 유산만 제대로 보존하고 복원을 해 나간다면 우리의 미래는 밝습니다.

지자체마다 단순히 관광 자원화시키기 위해 한옥을 짓는 정책에는 반대합니다.

그보다는 국민 주택 보급의 정책이 되어야 합니다. 전 국토가 한옥으로 넘쳐나야 합니다. 그것은 한국의 정신을 살리는 길이며 한국을 가장 한국적인 문명으로 돌려놓는 귀중한 역사적인 과제입니다.

26

기업인 한옥마을을 조성하게 된 동기

잠시 남양주시 자랑을 조금 해야 할 것 같습니다. **실용한옥을 연구하고 짓기 위해 선택하여 정착한 곳**이 남양주입니다. 남양주는 지리적으로 서울 도심과 가장 가까우면서 교통 인프라가 잘 되어 있는 도시입니다. 산세가 수려하고 아름다움과 공기는 지방의 어느 도시보다 결코 뒤지지 않습니다. 오죽하면 제가 시간적으로 여기는 대한민국의 수도 서울이라는 말을 했겠습니까? 그렇습니다. 이곳은 분명 시간상으로 서울과 같습니다.

대한민국 최초로 가장 완벽한 전통 실용한옥을 짓겠다는 스스로의 약속을 혼신을 다해 지켜 놓고 보니 이곳을 대한민국의 경제 부흥의 산파 역할을 하는 장소로 만들어야겠다는 욕심이 생깁니다.

기업인들이 이곳에서 한데 살아간다면 자본과 기술과 정보의 융합이 달성되어 기업의 자생력 확보와 경쟁력을 확보할 수 있을 뿐 아니라 국가 경제에도 긍정적인 영향을 줄 수 있다는 확신이 들었습니다.

남해의 작은 한옥마을에 수백만 명이 찾아와 한국을 체험하고 있는 실정에서 그러한 긍정적인 요소들이 이곳에서도 충분히 작용하여 기업인들의 사업을 성공시키는 양질의 수단으로 활용할 수 있겠다는 확신이 들었습니다. 기업인 한옥마을을 조성하게 된 애국적인 동기입니다.

이곳에 입주함으로써 기업인은 나머지 80명의 기업인과 친교를 맺을 수 있는 장점이 있습니다. 단지가 완성되고 나면 대한민국에서 제일 큰 국제 비즈니스의 모델로서 명성을 얻게 될 것이 분명합니다. 그것은 우리에게 또 다른 기회로 다가올 것입니다.

따라서 이곳 기업인 한옥 마을은 활용의 가치가 무궁무진합니다. 애플의 잡스는 가장 미국적인 곳에서 제품 설명과 발표회를 겸해 세계인의 관심을 집중시키는 데 성공했습니다.

만약 삼성이 가장 한국적인 한옥에서 제품 발표회를 한다면 더

남산 한옥마을

많은 홍보가 이루어지고 판매도 더 많이 할 수 있을 것입니다.

한옥으로 지은 신제품 홍보관이나 사업 발표회장은 그 자체가 한옥을 세계적으로 알리는 것이며 기술의 우수성을 제대로 전달하는 빅 이벤트가 될 것입니다. 기업인 한옥 마을은 단순한 주거가 아닙니다.

임원들 간의 친목도 겸할 수 있고 회의도 할 수 있으며 전통의 가치를 겸한 연수원으로도 사용이 가능합니다. 외국의 바이어들을 이곳에 초청하여 접대를 한다면 그 효과는 엄청날 것입니다. 가장 한국적인 곳에서의 비즈니스는 가장 수준 높은 대접이 됩니다.

외국에는 기업인들이 한데 모여 사는 마을이 더러 있습니다. 같은 방향의 목적을 가지고 있는 사람들끼리 모여 사는 것은 그 자체가 기업과 국가의 경쟁력이 됩니다. 그리고 이곳을 통해 제가 염두에 둔 최종적인 목표는 실용한옥의 세계화입니다. 이곳을 찾는 외국의 바이어들은 감탄을 하지 않을 수 없습니다. 왜냐하면 제가 지은 한옥은 그 어떠한 한옥보다 실용적이고 아름답다고 자신하기 때문입니다.

이와 같이 두 가지의 의미를 놓고 볼 때 이번 기업인 한옥 마을인 아리랑 한옥 단지는 국내 기업인뿐 아니라 전 세계적인 관광단지가 될 것으로 전망하지 않을 수 없습니다.

개인의 역사로 시작된 한옥 지식의 출발은 아직 멈추어 서지 않은 기관차입니다. 저의 달리기는 멈추지 않을 것이며 전통 한옥 복원이라는 역사관 또한 절대 변하지 않을 것입니다. 한옥 복원은 한국의 얼굴과 숨결을 찾는 가장 아름다운 여행이라는 것을 저는 가슴깊이 새기면서 저의 길을 갈 것입니다. 이와 더불어 저는 남양주를 사랑할 것이며 그동안 법이 허용하는 범위 내에서 행정적인 지원을 아끼지 않으신 남양주시 시장님과 해당 공무원 관계자 여러분 그리고 축사를 써 주신 최재성 의원님께 더불어 감사의 인사를 드립니다.

가족사진

27

나의 가족 나의 사랑

나는 **나의 가족을 사랑합니다**. 하나님의 거룩한 섭리와 사랑 안에서 우리는 영육 간에 진정한 하나가 되기를 소망하는 삶을 살아가고 있습니다.

고난 속을 걸어갈 때 나의 가족은 가장 가까운 곳에서 빛이 되어 주었습니다. 위로와 희생을 마다하지 않았으며 인내로써 나의 길을 동반해 주었습니다.

결코 짧지 않은 시간 속에는 감당하기 힘든 역경도 적지 않았으나 나의 가족은 언제나 그 자리를 지키고 떠나가지 않았습니다.

나는 하나님 다음으로 나의 가족을 사랑합니다. 그래서 나의 가족은 나의 사랑이며 나의 생명이기도 합니다. 나의 아내는 내가 한옥을 사랑하는 만큼 한옥을 사랑합니다. 우리는 같은 관점에서 언제나 같은 방향을 바라보고 있었으며 그 안에서 충만한 신뢰와 사랑을 확인할 수 있었습니다.

그래서 내가 가는 길은 언제나 위안과 이해로 넘쳐나며 그로 인해 저는 너무나도 행복합니다.

쉽게 돈을 벌 수 있는 길을 마다하고 세계인이 놀랄 수 있는 최고의 실용한옥을 짓겠다고 달려온 그 시간의 항해 속에는 저의 시련이 적지 않았으나 가족이 감당해야 할 고통의 몫도 적지 않았습니다. 그 또한 의연히 이겨내고 다시 달려갈 수 있도록 격려해 주는 가족은 다시 한 번 더 나의 사랑입니다.

아내는 내가 걸어가는 길목의 동반자였고 어두운 길을 밝히는 가로등 같은 존재였습니다. 아내가 나의 길과 뜻을 사랑해 주었기에 오늘 나는 한옥 분야에서 최초의 명인에 등재될 수 있었습니다. 가족의 이해와 격려는 그만큼 소중하다는 것을 이번에 잘 알게 되었습니다. 나의 명예와 오늘 제가 지은 집의 모든 가치를 저의 가족에게 바칩니다.

28

나의 꿈 나의 이상, 아리랑 한옥 도시 건설

(아리랑 한옥 도시 건설 기획안)

한 · 중 · 일 예술인 평화 도시

나는 한옥을 가지고 한 · 중 · 일, 더 나아가 아시아 문화 예술인 평화 도시를 건설하고자 하는 계획을 가지고 있습니다. 가장 적합한 후보지는 분단의 아픔이 도사리고 있는 최전방 부근의 파주와 강화도입니다. 파주는 이미 평화 도시로 지정되어 있고 강화도는 남북한의 접전 지역입니다.

만약 이 두 곳 중에 한 곳이라도 한중일 문화 예술인 평화도시가 조성된다면 남북 간의 긴장을 해소하고 평화통일을 앞당기는 데 적지 않게 기여를 하게 되리라고 봅니다.

그러나 이것은 제 개인의 염원일 뿐 행정적인 지원이나 협의가 없이는 거의 불가능한 일이기도 합니다.

저는 우리나라 행정관료분들께서 공익적인 목적에 부합하는 점이 있다면 격의 없는 지원과 협의체가 이루어졌으면 하는 바람을 가져 봅니다. 그동안 과학과 이념이 세계평화를 지키기 위해 심혈을 기울여 왔으나 특별한 성과가 없었다고 생각합니다. 대립과 적대의 역사는 지금도 지구 곳곳을 전쟁으로 물들이고 있습니다. 이

미지의 세계로 들어가는 문

제 무엇으로 대안을 삼아 세계평화를 실천하고 정착시키느냐의 문제가 우리 인류의 과제라고 생각합니다. 이제 희망을 가져 볼 것은 세계 각국의 문화 예술인입니다. 특히 한중일 문화 예술인이 평화 도시를 만들어 그곳에서 한데 어울려 살아간다면 인류에게 필요한 평화의 가치를 찾아 제공하는 평화 지식의 산파 역할을 하게 되리라는 것이 제 개인의 생각이고 구상입니다. 그렇게 되면 그야말로 지구촌 시대는 하나의 이웃으로 살아갈 수 있는 기반을 조성하는 길이고 남북 간의 냉전은 자연스럽게 감소되는 결과를 가져 올 것입니다.

예술의 정신은 이념이나 과학보다 앞선 단계의 정신문화적 통일성을 가지고 있기 때문입니다.

이러한 사업을 전개하는 데 있어서 가장 중요한 것은 해당 부서나 지정도시의 역사적인 의지라고 봅니다.

목적과 효과에 대한 나름의 분석을 내려 글에 붙여 올립니다.

목 적 :

(1) 지금 세계가 필요로 하는 사상은 평화이다. 평화는 닫힌 마음을 열게 하고 이념과 전쟁의 경계선을 무너뜨리는 매우 중요한 수단이다. 이제 인류는 보다 나은 단계에서의 역사적 선린 평화

남산 한옥마을

이상을 실현해야 할 시점에 와 있다. 세계는 아직도 전쟁으로 몸살을 앓고 있으며 냉전 이데올로기의 잔재로 인한 파괴의 역사는 멈추지 않고 있다.

(2) 하나의 지구촌 시대를 살아가는 모든 인류는 다툼과 대립의 역사적 악순환을 정지하고 화합의 열린마당에 모여 지구촌 평화 시대를 열어가야 한다. 아시아의 패권국가인 한 · 중 · 일, 이 세 국가는 아시아의 평화와 세계평화 정착의 선도적인 역할을 하기

위해 격의 없는 가족이 되어야 한다. 그러기 위해서는 민중 예술의 초이념적인 결합과 단결과 조화가 필요하며 이는 전 인류의 평화를 정착시키는 데 가장 중요한 역할을 담당하리라고 생각한다.

(3) 남북분단은 역사의 변혁기마다 냉전 이념을 확대 재생산함으로써 세계평화를 흔들어 왔다. 이것은 세습 정권을 유지하고 있는 북한이 그 체제를 고수하고 영구화하기 위해 벌이는 체제 유지 전략에 따른 것이다.

(4) 이제 우리는 더 이상 역사적인 냉전의 부활을 이대로 눈감고 있을 수는 없다. 우리 한중일 문화 예술인들은 호혜평등의 원칙 하에 하나의 생존 공간을 만들어 그곳에서 함께 혼거함으로써 아시아 문화 예술유산의 발전과 광범위한 교류를 열어가고 이를 통해 냉전의 역사적 소멸을 단행할 수 있다는 사명감으로 하나로 단결하기 위해 이와 같은 목적을 두고 사업을 전개해 나가기로 한다.

기대효과 :

1. 한 · 중 · 일 문화 교류의 광범위한 확대
2. 아시아 평화 진전과 세계평화 정착에 기여

3. 남 · 북 간의 냉전분위기 일소를 통한 경제 부흥의 기회 마련
4. 창작 정보의 연대를 통한 문화 예술의 발전
5. 세계로 나아가는 평화 교육의 산실 역할 기대
6. 한 · 중 · 일의 민간 교류 확대
7. 문화 콘텐츠의 다양성 획득
8. 남북 전쟁 억제 가능
9. 북한의 열린사회 지향 기회 마련

남산 한옥마을

10. 남 · 북 통일 가능성 상승

사업명 :

한 · 중 · 일 문화 예술인 평화 마을

슬로건 :

문화 예술이여! 세계 평화여!

표어 :

문화 예술로 세계인류 평화 공헌

유치 도시의 기대효과 :

1. 세계적인 브랜드 홍보를 통한 관광수익의 극대화
2. 문화 예술관광 도시 지정 가능
3. 세계적인 평화 상징도시 격상
4. 남 · 북 통일 대안 도시 대외적 이미지 재고
5. 한 · 중 · 일 국가 간의 문화 예술 콘텐츠 주도
6. 세비 확충을 통한 군민의 생활복지 실현
7. 인구 증가로 인한 강화도 자치 도시 추진 가능

8. 유치 지역의 개발 붐 조성

9. 한 · 중 · 일 물류 거점 도시로의 전환가능

10. 강화도의 신 성장 돌파구 마련

나는 이와 같은 도시를 만드는 것을 필생의 과업으로 알고 혼신의 힘을 기울여 나갈 것입니다. 나의 길과 뜻을 구현해 나감에 있어 역사적인 인식을 함께 할 수 있는 동지들이 깃발 아래로 모여들기를 기도하면서 이만 지면을 통한 대화의 시간을 마치기로 합니다.

29

주 혜란 박사님과의 극적인 만남

2011년 11월 19일. 나는 이 날을 내 생애 가장 역사적인 날로 기록하고자 합니다. 이 날은 세계적인 활동을 하고 계시는 주 혜란 박사님을 뵌 날이기 때문입니다.

평소 지면과 방송을 통해 듣고 있던 주 혜란 박사님을 직접 뵙게 되니 이루 말할 수 없이 설레는 기분을 감추지 못했습니다. 그 분은 김 이환이라는 사람이 디자인과 편리성 면에서 전통 한옥의 가치성을 가장 뛰어나게 구현했다는 소문을 듣고 귀한 발걸음을 하신 것입니다.

의성사촌 민산기념관에서 한옥체험

주 혜란 박사님은 90이 넘으신 당신의 어머님을 모시고 함께 찾아 오셨습니다.

90이 넘으셨다고 하시는데 주 혜란 박사님과 실내를 돌아 보시면서 "계단을 오르는데 손잡이를 만들지 않은 것은 미스테리야!" 하시면서 냉철한 지적을 해 주셨습니다. 나는 그 모습이 진실로 신기해서 어쩌면 연세가 많으신 분이 저렇게까지 날카로운 분별력을 가지고 계실까 놀라움을 금할 수가 없었습니다. 저렇게 뛰어난 두뇌를 가지신 분이시니 주 혜란 박사님이 세계적인 일을 해 오신 것 아닌가 하는 생각이 들었습니다.

첫 대면 중 주 혜란 박사님의 얼굴에서 풍기는 것은 한 사람의 여성이라기보다는 위대한 역사가의 향기가 뿜어졌습니다.

아직도 빛나는 눈빛. 그 너머의 표정에 드리워진 냉철한 이성적 분위기는 일반 대중이 가지고 있지 않은 카리스마 그 자체였습니다. 세계를 넘나들면서 의학의 발전을 이룩한 당신이셨기에 얼굴 모습에서 그러한 위대한 자취를 담고 계신 것 같았습니다. 내가 지은 한옥을 두루두루 돌아보신 주 혜란 박사님은 아주 차분한 음성으로 한마디 하셨습니다.

참 칭찬하고 싶을 만큼 대단한 일을 하셨다고, 그러면서 이것을 국가의 자원으로 개발하자는 뜻을 전해 오셨습니다. 그분 또한 나

남산한옥마을

와 같은 생각을 하고 계셨던 것입니다.

참으로 혜안이 있으신 분이라는 생각이 머릿속을 스쳐 갔습니다.

식사를 하는 과정에서 긴장을 풀고 대화를 나누면서 다시 한번 주 혜란 박사님의 따스하고 여성적인 모습이 전해졌습니다.

뭐라 한마디 하시면서 웃는 모습에서 정말로 아름다운 미모를 가졌고 의외로 여성적인 데가 많은 구석을 엿볼 수가 있었습니다.

역사가들은 무엇이든 생각이 들면 바로 시작하려는 성향을 가지고 있다는 것을 느끼는 순간이 왔습니다. "김 이환 선생은 나라가 귀히 여겨야 할 훌륭한 자원이라는 생각이 드는군요. 모두에게 희망을 주는 일이고 민족 문화의 전통을 복원하고 세계 평화에 기여하는 일이니 자신 또한 적극적으로 돕는 길을 찾아 보겠노라"는 말씀을 하시고 돌아가셨습니다.

나는 그분을 보내드리고 돌아오면서 역시나 세상을 움직인 사람들은 자신의 이익에 구애치 않고 대의에 부합하는 일에는 이토록 관심을 기울이는구나 하는 생각이 들었습니다.

어찌되었건 아리랑 한옥이라는 함선은 주 혜란 박사님을 만나게 됨으로써 역사적인 사업에 박차를 가할 수 있게 되었습니다. 나는 그분을 모시고 아리랑 사업을 진행할 수 있게 된 것을 매우 커다란 영광으로 알고 있습니다.

실용한옥의 세계화에 주역을 맡아준 나의 형제들

30

「어느 CEO의 누드경영」의 저자 이 찬석 회장과의 만남

내가 만나 본 **이찬석 회장은 나와 같은 AB형**입니다. 그는 여러 가지 다양한 모습을 가지고 있어서 딱히 평가를 내리기가 쉽지 않습니다. 그는 너무나도 엉뚱하고 창의적인 괴짜이기 때문입니다. 그는 지금 내 곁에 와서 함께 일을 하고 있습니다.

그는 세상이 다 알아주는 기발한 사고를 가진 기인에 가깝습니다. 도시적인 얼굴에서 어떻게 그런 창의성이 나오는지 궁금하지 않을 수 없습니다.

그런 그가 나의 작품을 보고 나서 내 얼굴을 보면서 당신은 대한민국에서 가장 훌륭한 국가 자원이라고 했습니다. 그리고 내 손을 붙잡고 함께 세계를 열어 나가자는 뜻을 비추었습니다. 그와 나는 이제 한식구가 되었습니다.

이제는 허물 없는 형 동생 지간이 되었습니다. 현재 아리랑 한옥의 회장으로 재직 중이며 그와 나는 실용한옥을 세계로 수출하는 데 전력하여 나가기로 의로운 뜻을 세웠습니다.

역사가 완성되려면 그에 적절한 사람이 모이는 법인데 이즈음에서 내가 이찬석 회장을 만난 것은 뜻을 완수하라는 하나님의 섭리

남산 한옥마을

라는 것을 강하게 느끼지 않을 수가 없습니다.

끝으로 나와 함께하면서 실용한옥의 세계화에 누구보다 앞장서서 현장을 맡아온 나의 아리랑 한옥 가족 본부장 김 범선, 차장 이규성, 반장 김 험식에게도 감사의 인사를 전합니다.

후기

한옥의 대중화에 앞장서겠다는 나의 꿈은 이제 시작에 불과하지만 세상은 나의 행보에 관심과 성원을 보내주고 있습니다.

지금까지의 얘기가 한옥에 대한 새로운 관점과 시각을 안겨 주었다면 나는 그것으로 만족합니다. 많은 얘기를 털어 놓고자 했는데 구체적인 설명에 충분히 도달하지 못한 것은 나의 부족한 점으로 남겨두고 후일 이러한 기회를 다시 한 번 만들게 된다면 그때 저간의 스토리를 밝혀 볼 생각입니다. 독자분들의 건강과 행운을 빕니다.

전통
한옥의
신비한 여행

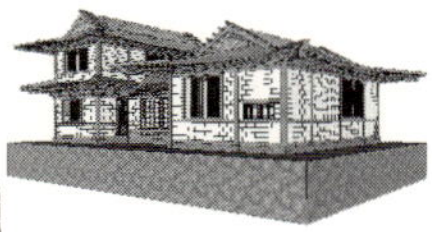

1판 1쇄 발행 | 2011년 12월 10일

지은이 | 김이환
발행인 | 김미애
펴낸곳 | 성균관출판부
디자인 | 척척코리아

등록번호 | 제302-1994-000026호
주소 | 152-080 서울특별시 구로구 고척동 103-4 가동 305호
전화 02)701-1856 팩스 02)701-1857 전자우편 cck1856@nate.com

값 12,000원

※ 저자와 협의에 의해 인지는 생략합니다.
※ 잘못된 책은 바꿔 드립니다.

ISBN 978-89-88338-09-4 03040